彈塗時光

楊美紅——著

航向熱帶溼地

朋友說，在日出後，將耳朵貼近桉樹，能聽見樹的心跳。因樹皮較薄的緣故，桉樹將水分從底部往上抽的聲音，低沉緩慢，咚咚敲往耳內。樹音，像親人，像抱在懷裡的寵物，彷彿傳來溫度，宛如是血液在血管內運行，展示生命最隱祕的內在。

我知道每棵樹都有心跳，有潛藏的樹音，並以深不可測的奧祕向人襲擊。

那些比樹還細微的花草，以青青綠苗、碎花麗景，在人類駑鈍的感官裡，迸出燦爛火花，讓人無法視而不見那細細滋長的生命脈動，縱使過程是如此悄無聲息。

於是，在春日，轟然乍現的一片狂野綠地，往往教人和狗欣喜莫名。

我與我的小獵犬，抵擋不住春雨後散發的泥腐味，那夾雜著悶熱與涼爽，明亮與陰暗的世界，就在朗朗晴空與低沉烏雲並存的時刻。

穿過一條街，穿過一分鐘，就會落下傾盆大雨的季節。

垂垂老矣的牠，用鼻子努力嗅聞，在草叢裡穿梭，或許還用爪子在泥地裡撥弄著。

經常，牠將目標鎖定於老鼠或松鼠，幸運的話，或許還有野貓或失足的雛鳥，尤其是那些腐爛的、分解的屍體，刺激著牠血脈中獵捕的慾望。

經常，我看著牠，感受到牠專注的思考，知道這時，牠已不屬於我，並全然歸屬於那神祕又獨立的動物天性，歸屬於整個自然天地。

彷彿我從不曾馴養牠。彷彿牠在下一秒會離我而去。彷彿在另一個星球。

我曾經因為如此著迷於牠奔跑的身影，而許諾牠一座森林。

如今牠尾隨我走過許多年，諾言從未兌現，我倆僅能流連在日常的綠地裡，在迫人都市，搜尋細微的生物小宇宙，在社區的巷道點數屋簷下的鳥巢，看著肥膩的鼠王從花圃竄入對街水溝蓋，看著溼地爬出的線蜥跳上木棧道隨即不見蹤影，又或是不怕人的鴨鵝走上岸來接受餵食。

牠看得很著迷。

落葉如蝶飛。

牠二話不說，衝上前攔截，仔細嗅聞，像葉子藏著詭異的氣味，彷佛乾枯葉脈也曾有過完美偽裝。

甲蟲翻肚躺。

牠的腳掌小心翼翼地撥弄，像小孩得到玩具，玩具突然飛起，只留下牠感到詫異的表情，只能不死心又追隨上去。

如此種種。

天真知足。

那些被牠仔細嗅聞的生命，那些細緻的小宇宙，我一一記著。

如此，我便能不怕遺忘那些有牠陪伴的日子。

如此，我便能細數那用愛堆疊出的水綠時光。

卷一

視

卷二

聽

卷三

品

卷四

聞

卷五

思

卷一

視

（穗花棋盤腳，洲仔溼地）

觸角

所以，這是觸角嗎？去碰觸那些不能碰觸的。
所以，這是吸管嗎？去吸吮那些不能吸吮的。
所以，這是棍棒嗎？去揮打那些不能揮打的。
所以，這是指揮棒嗎？去控制那些不能控制的。
所以，這是梳成長辮的頭髮嗎？去誘惑那些不能誘惑的。
所以，這是舞蹈的道具嗎？去演練那些不能演練的。
所以，這是成熟的軀體嗎？去交合那些未能交合的。
所以，這是愛的呼喚嗎？去傾訴那些不能傾訴的。
所以，盛開是種儀式嗎？去度過那些未能度過的。
所以，存在是獨特的嗎？去彰顯那些未能彰顯的。
所以，等待是值得的嗎？去沉思那些未能沉思的。
所以，命運是不同的嗎？去改變那些未能改變的。
所以，美善是真實的嗎？去追求那些未能追求的。
所以，風中會有成串的鈴鐺搖晃，花開花落，不哭不笑。
一切神祕都在沉默中，順著花梗朵朵綻放了。

降靈

我想我聽到光在散步。如緩慢烏龜，溫吞地走走停停。
沿途有些蝴蝶為它開道，或許還有蟬彈奏樂器，鳴起響亮旋律。
在它經過與還未經過的草叢裡，有幾隻蛇睡著了，幾隻蜥蜴還醒著，正在長大的青蛙還在長大，正在死去的花朵如流星殞落。
風靜止時，竹編欄柵外，有鷺鷥低飛、水雉漫步，幾隻紅冠水雞和綠頭鴨，圍著夜鷺八卦，停在枝頭的雨燕，在陽光下，輕盈低飛。
那水域騷動如波，熱鬧舞池，永不打烊。
當風靜止，陸地守著籬笆，天地間，只有光還在眷戀，慢慢點亮一片片樹葉，又緩緩熄滅一盞盞綠草，像頑皮孩子，把晶瑩的光潑灑到樹林上，把靜謐綠意塗成一幅畫。
光說，我只是在等待一場降靈會。請大家各就各位。
有物豎立，有物傾倒，有物橫躺。姿態與角度，都在運動與靜止裡，等待。
枝葉手牽手，圍出神靈與日光穿越的廊道，等待萬物從午後甦醒，那時，光將巡訪大地，庇佑還在沉睡的夢與生命。

（洲仔溼地）

鎔金

其實我所關心的是深沉的腐爛。真實而深刻。
要歷經多久，枯葉才會變沃土。要有何種溼度、溫度與日照，才能冒出金綠幼芽，
要有多少承諾，才能餵養生生不息的明日。
你說，這像愛情。
深刻的愛，要從腐爛的生活裡，變得堅強，愈是泥濘腥臭，愈能滋生養分。愈是成
分複雜，說不清講不明的情愛，愈能穿透表象直達核心。
所有深度，都寫在大地本質裡。
誰說苦難沒有意義？誰說死亡一無是處？誰說消失後就不存在？
只有大地能夠給予見證。
只有落葉知道，死，在持續分解裡，有無法取代的價值。至少，它們為萌生的芽，
帶來美好生命。
「只不過轉化成另一種樣貌。」我聽見那些細碎呢喃。
連落葉都明白，以身殉道，是自然恩賜。
然後，陽光會從樹縫探入，鎔金般的枝芽，閃閃發光如舞臺明星，像黑暗礦坑裡挖
出金銀銅鐵，被雕琢成柔軟藝品，在風中登臺演出。
埋藏在幕後的腐土，毫無怨尤地保持沉默。
死亡，讓它們成為母親。

必須經歷周而復始的輪迴，生命才能演練出真理。

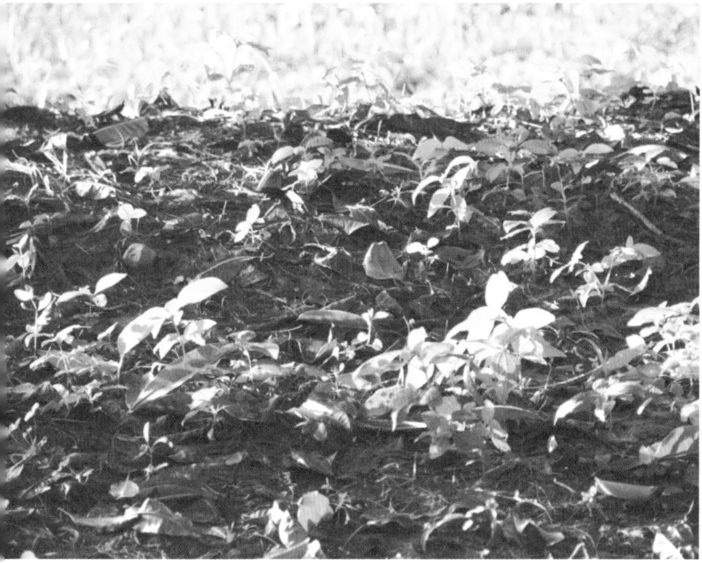

（內惟埤溼地）

（紅擬豹紋蝶/烏松溼地）

擬豹

是誰縫製這身如豹的羽翼？
是誰說白色蟲子可以飛上天空？
是誰山寨了紅底黑點的豹斑？
是誰讓極速奔馳變成翩翩飛舞？
是誰把空曠原野變成扶疏花叢？
是誰說這是不成功的偽裝？
一旦變裝弄得過火，就成招搖豔星。
自認為性感的昆蟲，開始憂心美麗詛咒。
該如何學會豹的凶猛？
該如何捨棄華麗外表而獲得內在平安？
牠停駐在每朵花上，問著同樣問題。
沒人能對未來給予保證。關於天賦，牠有不祥預感。
牠不知自身美麗，卻知道人們如豹的眼神，正覬覦牠擁有的飛翔。

如畫

我看到什麼？
颱風前夕的陰日溼地，無風悶熱，氣流凝滯。
草綠、深綠、青綠、黃綠，滿眼層次不同的綠，來到眼前。
或有蜻蜓低飛，或有紅冠水雞飛撲池面。
樹依然是樹。草依然是草。浮萍漂，蓮葉殘，莎草長，慈菇野。

我希望看到什麼？
枯榮有時，翠綠有時，唯蓊鬱恆常。
或許值得等待一隻鷺鷥。
或許值得變成一池沼澤。
或許值得長成一株低望湖面的樹，一把彎折的水草。
然後，時光靜好。
漸漸成灰，把綠染得更綠。

但我能看到什麼？
只能看到想看到且神允許看到的事物。
只能相信眼睛，並在心底懷疑著。

他們說，世界並不總是這樣。但總是這樣。
綠水已經流逝，種子轉為枯黃，落葉掀起漣漪，群鴨選擇走避。
強風就要颳起。細雨斜斜飄落。
在不可見的微小處，有千軍萬馬走過，有生死哀鴻在隱蔽，所有畫面，最終將變成夢，擱淺在記憶裡。

（鳥松溼地）

從腐朽中

那些被認為腐朽的，往往藏著宇宙的隱喻。它們被深埋在核心，尋找處所。
比微塵還小的呼吸，饑渴且憂慮，等待雨後傍晚。
等待空隙被溼氣盈滿，便能慢慢吸吮生命的乳汁。
在被放逐的世界角落，有人如胎兒沉睡的夜裡，它們在空乏之中，如獲甘霖，悄悄伸長觸鬚，悄悄變得堅硬，遺忘自身來歷。
眷戀母體的鬆軟，它們從未切斷臍帶，在連接處膨脹，違反地心引力，橫斷出峽谷荒漠。
「生來應如是」，它們說。
讓彼此擱淺在沙灘上，風化。硬出時間的堅韌。
把所有的可能，放進母親給予的褐色裡，一片一片，染上節奏，一絲一絲，從亮到暗，暈染生命的樣態。
把肉體，變成瞬間的風景。
成為一匹樹幹的布。一種不會消退的時尚。張揚往上昂然的反叛。
把存在，層層疊疊，鑲嵌成絕壁山崖。
在時光中演進，與腐朽一同腐朽。
所有的奧祕，來自不可知。
愛也是。

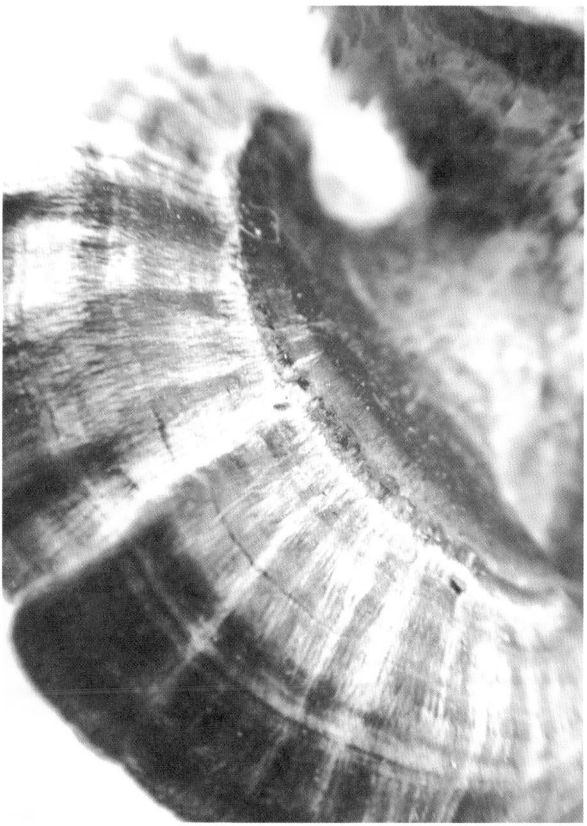

（洲仔溼地）

（洲仔溼地）

也許是盛開

新綠季節，有花盛開。

一枚枚枝頭上用無數粉紅碎鑽鑲起的鑽戒，正在許下諾言。

與天地同老，與汝身同在。

願同生同死，願同榮同枯。

當世界有了雙數，意義便開始蛻變，二合一，我與你。

有一條細線穿梭其間，牽引關係，我看著你，彷彿看見我自己。

難道這是上帝造物準則，諾亞方舟的登船條件。

世界開始變成「我們」，變成複數，繁衍復繁衍，珍重復珍重。我看顧你一如你正看顧我，連細碎小花也能繁茂整個宇宙。

如鑽石般的兩顆星球，相互繞行，便有綻放與撞擊的理由。

「我將成為你眼底最美的那朵花。」

「我將陪你走過此生孤獨的旅行。」

然後，可以看見彼此的光，在空中閃耀，溫暖盛開。

背反

有人站立，也有人跌倒。
有人向陽，也有人背光。
在鳳凰木同根枝條上，每個瞬間，每片小葉，都有不同機遇。
機遇，造就出不同姿態，培養不同的生活哲學。
那辛苦站立迎向陽光，萬分翠綠耀眼的半邊，抓住機會辛勤工作。那陰暗平躺，盡力保持自然舒展的半邊，享受不被日光打擾的靜謐。
沒有人可以評價，誰比誰過得好。
只有葉子知道，安頓身心，是最大難題。
享受陽光與讚美的半邊，難忘陰暗與平靜的時刻。
默默接受庇蔭的葉子，還留著不久前溫暖的記憶。
每片葉子，時時刻刻都在經歷輪迴。
「差異，並不是日光的緣故。」
風中樹葉，經歷日光的燦爛力量，也安於無光的黯淡寧靜。
外在樣貌，是姿態與機遇。
內在真實，只有心知道。

種子

鳳凰木豆莢，在夕陽中，散發血脈交錯的神祕氛圍。

宛如人類子宮般，一顆顆小種子，透著光，安住在葉脈爬行的房間裡。

細細觀看，種子形態不一，房間大小有異，而它們湊巧成為手足，一同落在豆莢內，使它們成了命運共同體，誰也無法捨棄誰，即便是流浪，也有著同一個方位。

小小方舟上，共同接受母體養分供給，平均分配食糧與艙房，培養同種默契，像是即將打仗的士兵，信守著兄弟諾言。

它們即將面對不可知，落到地上後，被掃落、丟棄、撿拾，還是被埋入地底，誰也不知道。

「但我該如何記憶你。」發光的種子問著手足。

「記著我們來自同一個母親，同一塊土地，喝著同樣的水，曬著同樣的日光，當你熱時，我也乾渴，當你長大時，我也期盼成熟。你所經歷的，我也同樣經歷過，你的快樂是我的快樂，你的憂慮是我的憂慮，我們共同承擔命運，也共同面臨分離。」

它們終究落下，一顆一顆，離開枯乾脆裂的豆莢，各自走上生命旅程。

各自去說，這座島上曾有的故事。

禮儀

「這個人，難道想搶走我嘴邊這塊肉？」我彷彿能聽到牠內心獨白。舉起相機，毫無羞恥按下快門。

像察覺到危險，牠站在水與岸交界處，把嘴裡不明物含得更緊，隨著我移動，牠決定將右腳縮起，藏在羽翼下，單腳站立，全面警戒。不打算離開。

只好主動出擊，才能看清牠嘴裡不明物。

移動腳步，轉往側面，躡手躡腳靠近，快速變焦，在消費型相機的視窗裡拉近我倆距離。

看來像動物。雜食綠頭鴨，從水草、藻類、水稻到福壽螺、小魚蝦、無脊椎動物都吃。但我分辨不出嘴裡不明物。

白肉色幼仔，像哺乳類，停止扭動，身軀停在彎曲角度上，證明求生前有過堅強搏鬥，但意志不敵現實。

是老鼠、蛇還是蜥蜴。書上說，餓極時，有可能是幼雛。綠頭鴨也可能咬死自身或同類幼鳥，在艱困環境裡，苟且求生。

我絕不會白目地追著牠，要牠吐出嘴裡肉好檢查一番，看看是否「鴨毒真食子」，用人的角度檢視大自然，總是濫情成分多。

而或許，不過是植物嫩莖。

當我倆距離三公尺時，牠的忍耐度逼近臨界值。

目光緊盯，毫不鬆懈，我停下來。
對於嘴裡叼著食物的綠頭鴨，理當有所謂的安全距離。
我不知道為了保護一口飯，這隻鴨子會做出什麼樣的防衛或反擊，所謂狗急跳牆，
再靠近，或許就急撲撲離開了。
淪我成為木頭人，只見這時牠緩緩轉身。
轉過身，是對擅闖者的委婉拒絕。
魯莽，將我釘在池畔，哪裡也去不了。

（綠頭鴨／洲仔溼地）

足跡

路，能走多長？

雁鴨在日的盡頭，安靜走著，牠們偶爾擡頭看著對方，偶爾低頭覓食泥地殘餘，偶爾看著遠方來的候鳥。

牠們並沒有回頭，看著泥地裡留下的足跡。

只是走著，走著，便能走到地老天荒。

走到世界最深最暗處。

在水土交融裡，溼軟大地豢養無窮生命。

小魚幼蟲微生物，可見與不可見，已知與未知。

大地柔膚，任由水鳥踩踏，凹陷的腳印，是土地引以為傲的雕刻品。

因為時光，見證它寬廣的包容，因為生命，繁衍它美麗的奇蹟。

旁觀的候鳥，正在揣想家的可能。

牠飛抵陌生樂園，渴盼繁衍。許多聲音告訴牠，留下來吧，這裡可豐衣足食，安養天年，你將成家立業，子孫成群，開枝散葉延續血脈。

牠來回踱步，穿梭在鷺的家族與雁鴨間，傾聽風在呼喚。

留下，還是離開，都是一種抉擇。

（茄萣溼地）

那時樂園還在，世界一派美好。

光，已經來到這裡。

消失，隱沒。等待明天，重新來過。

每日燃燒起新生與衰頹，是固定戲碼，是應盡義務，它無法一日不上場，無法一日

鬧失蹤搞革命。

年老的光在餘暉盡失後，在黑暗抵達前，總是神祕而憂鬱。

它得仔細思考，明天太陽，是否要依舊升起。

獨白

一隻紅腳的高蹺鴴問影子：
天與地的界線，在哪裡？
是在腳下，還是在海的另一邊。
如果到海上飛翔，是不是能抵達天空的盡頭。
若有暴風雨，是否會折損雙翼。
影子緘默，凝視著她。

一隻孤獨的高蹺鴴問影子：
若我給妳自由，妳是否願意一輩子跟著我？
我想妳被困在水裡。
那裡只有外觀，沒有靈魂。只有虛影，沒有實體。
妳是我的依附。有我才有妳。
但若沒有妳，我永遠看不清我自己。
影子謙卑地微笑，彷彿懂了。

一隻疑惑的高蹺鴴問影子：
妳是真實，還是虛假？

（茄萣溼地）

妳的形體，忽大忽小，忽胖忽瘦，時而扭曲，時而波動。
我認不清哪一個是現在的妳。
為什麼妳不能保持不變，如我一般站立在地表上。
影子在反世界裡看著，也問著同樣問題。

所以，妳會是世界的正面也是反面。
所以，一切都將扭曲，如水上波紋。
所以，季節能隱沒，天地將消逝。
所以，妳將會守候我，一如我時時惦記妳。

俯瞰

小孩爬上鐵塔，坐在三樓高的地方，俯瞰城市溼地。
遠處有高樓大廈，有高架橋，有馬路。近處是蓮花滿布的池塘。
風在鐵塔上，忽強忽弱，鑽過欄杆，灌入人們的衣服，驅走夏季的燠熱與疲憊。
小孩頂著被汗水溼透的髮，坐在地上，從縫隙裡，學習一隻老鷹的俯瞰。
多數時候，他們像甲蟲黏在枝葉上，緊緊抓住欄杆，用不甚精準的感官，去辨識鷺鷥飛翔軌跡，去描繪隱形破落的城市地圖。
或許在茫茫大地上，找到來時路徑，找到家的方位。
從熟悉與陌生的天際線，去定位文明與自然的分野，去打卡一座生機盎然的溼地，去看看遠處的山與天空，去知曉腳下世界的渺小與脆弱。
他們欣賞鷺鷥低飛水塘，也看見汽車奔馳，眺望群山淡景，也見廟宇閣樓，過去廢棄的菱田，如今重獲新生，世界變化萬千。
繁花麗景，既可被不當開發摧毀，也能因辛勤播種而耕耘結果。
芳草萋萋，綠蔭幽幽，芸芸眾生接力登高，彷彿早已望見溼地未來。

（洲仔溼地）

（內惟埤溼地）

打哈欠的龜

中午冬陽送暖，約有三、四隻烏龜爬上石頭曬太陽，石頭排列與橋平行，人們往橋下一探，能看到石頭與龜。烏龜顯然熱中此道，彷彿石頭是最佳躺椅，總在附近出沒，不知這樣的安排是方便烏龜還是遊客。

沒爬上石頭的龜，偶爾有一、兩隻冒出頭來，用晶黑眼珠望著天空與湖面，牠們不轉頭，大多時候就是浮著，不是繼續往上升，就是往斜下方隱沒，好似要保有最後的私密。

石頭上有隻懶龜，動也不動，享受微溫日光把殼曬熱，南臺灣烈日不容小覷，冬日高溫仍逼近三十度大關，整個湖面像盛滿高粱，水氣霧騰，醺然如夢。

一隻龜，像從冰涼灼人的白酒缸裡爬到曬暖的石頭上，暈暈然看世界。

牠把嘴巴張開，朝空中打了大呵欠，白花花光線使牠氧氣不足、視線迷濛，若不是在夢遊，就是這陽光，熱得有些超現實，非得擴大吸氧量來醒腦。

但哈欠打了，眼神反倒更迷濛無神，身體動也不動，像陷入思索，更像腦袋一片空白。只有那微張的嘴，像神巫召喚遙遠的雨季，虔誠專注地吸進天地精華。

極樂之境，彷彿打個呵欠就能抵達。

愛

斗大的紅色的鋼鐵的「愛」，豎立在草坡上。愛，很剛毅，經得起日曬雨淋，紅豔如新，最是搶眼。

三對新人站在山坡下，一群攝影師和助理在旁，為自家客戶打點妝容，有些已整裝完，等待前對人馬離開。

倒不是因為趕時間的緣故（這年頭誰不趕時間），也不是因為拍到頭昏眼花（太陽又毒又辣），更不是因為對攝影師的專業有所質疑（這可是網路有口皆碑的人氣工作室），有對新人只是決定不再等下去，向攝影師建議先拍其他畫面。

「再等下去，也不是辦法。」

「前面還有兩對。光等前面那組拍完就半小時了。」

「沒辦法，這裡很熱門，每對新人都想拍這裡。如果不等，等會還有其他人卡位。」

（內惟埤溼地）

「還是先拍別的地方吧。這裡這麼熱，連遮蔭的地方都沒有。」

新娘滿頭大汗先投降，她穿著白色小禮服，短蓬裙遮了微隆小腹，遮瑕膏蓋了黑眼圈，儘管穿著平底鞋她仍感到疲累，呵欠連連。

新郎一再暗示攝影師快點結束。他熬夜加班趕工，一夜沒睡，馬不停蹄出門拍婚紗，臉上線條幾乎全往下垮，費了大半天也擠不出笑容，連他自己都感到慘不忍睹。

攝影師好說歹說，總算說服新人耐心等候。

他心裡明白，大紅愛字多喜氣，沒有選三張，也會中兩張，這不是拍得好壞的問題，而是每對新人都得靠著愛，把這整日的勞累與怨懟壓下，光是那紅色就能襯出新人在照片裡的存在感。

再怎麼疲憊的神色，再怎麼裝模作樣的神情，再怎麼濃妝細描的臉，都能被忽略。人們一眼看見的是愛，不是人。這是藝術之大用。

這樣的道理，野鴿不懂。

牠千辛萬苦在「愛」間築的小巢，被人清光，人們嫌枯木乾草像個黑點，把愛變醜了。

顏色進化論

該如何用語言描繪顏色？

若語言對物給予繁複的分類代表該文化對物的重視。那麼，對於顏色的分類，亦成觀察文化的指標。

幼兒級的顏色語彙，是紅、橙、黃、綠、藍、靛、紫。

是臺語的紅支支、黑魯魯、白蒼蒼。

稍微細緻的形容，常見有粉紅、桃紅、深紅、赭紅，有鵝黃、米黃、淺黃、橙黃，有青綠、濃綠、深綠、翠綠、黃綠、草綠，有湖藍、深藍、海藍、土耳其藍，有黑紫、藍紫、薰衣草紫等等，以顏料相互加乘比擬。

顏色的形容詞，在深淺光譜裡，區分出幾種模糊表達，多數靈感來自自然界。

但什麼是桃紅？什麼是鵝黃？草綠與青綠有何不同？海藍色與土耳其藍指的是什麼？這些來自於油彩色卡的區分，試圖定下標準。

有了標準，才能比較，才能調合。

大自然的繽紛，若去除對標準化的認知，專心開發顏色語言，在每個形容詞背後，藏有無盡縫隙。

好比，薰衣草紫，是指法國還是西班牙品種的薰衣草？是指薰衣草初綻還是盛開還是凋零前的紫，是指清晨的紫還是薄暮下的紫？

更別提大自然顏色，因光而來。陰晴造就歧異。

模糊的指涉，是走不完的迷宮。想要進化，只能創造繁複詞彙，但在中文世界裡，區辨顏色的語彙卻又極為有限。

走在溼地裡，我想著，若有一天，區辨黃色的語彙，換成金露華果實的黃、馬櫻丹的黃、南美蟛蜞菊的黃，人們該是一頭霧水，還是了然於心？

（金露華 · 南美蟛蜞菊 · 馬櫻丹／內惟埤溼地）

天光

神說，要有光，世界便有了光。
但該如何在白紙上描摹光線？
攝影、繪畫、電影等視覺藝術，都是光的藝術。
而人們，慣以魔術比擬光影千變萬化的技能。
從種類來說，攝影在模擬光的技巧中，將打出的光，依源頭位置區分，好比側光、頂光、偏光，又加反光鏡、偏光鏡、濾光鏡、柔光鏡，光是可彎折過濾計數之實體，只要善用技巧，光，可溫柔，可剛強。
走在自然裡，鋪天蓋地的光，時時刻刻移動腳步，偶有烏雲遮蔽，光芒盡失，等到風吹雲散，光頓時如劍刺眼，如星墜地。
印象派畫家，以解剖光影為職志。
終其一生，他們在自然裡細細描摩光的呼吸。
深深吸，慢慢吐。
在深淺濃淡的塗抹裡，一次又一次地呼喚光。
免不了戲劇化，誇張化，舞臺化。依此決定風格。
寫生的發明，促使畫家將肉體曝於日光和陰影之間，將視角從內在普及於萬物，將主題從宗教推及凡間，人們開始將光置於掌間，像研究珍品寶物般，端詳光之容顏。

在自然裡行走的人，不得不注意它的旅程，它的軌跡，它的速度。
科學家研究它的組成，它的行動，它和事物的化學反應。
藝術家傾聽它的心情，它的狂躁與安靜，它的陰晴不定。
人們如何研究光，正如他們如何研究自己。

在無人的角落

溼地的光影在無人時刻顯得寂寥。這種話只有人會說。
生物在無人時刻感到自由。這種話也是只有人會說。
在電線與電線間、陽光與露水間、花莖與樹葉間，有生命正在丈量距離。
牠忙碌地計算天與地的長短。傾聽枝與葉的對話。
在清晨回應風的呼喚，在傍晚網羅歸去的沙塵。
有風乾的種子詢問未來，牠不發一語。朝遠方的遠方灑下細網。
讓迷失的枯葉，不輕易落地。
讓凝結的水珠懸掛清澄肉身，照亮生命餘燼。

（援中港溼地）

窈窕

對蜂類有敵意的是人。

有人看到蜂，像看到針頭，全身汗毛直豎，緊張兮兮。

更討厭的是，那是會移動還會飛行的針，神出鬼沒，難以捉摸，恍如正在飛行的不定時炸彈。

心理醫師會說，這款被害妄想症，都源於過往的挫敗。

一朝被蛇咬，十年怕草繩。

但奇怪的是，很多人其實並沒有「一朝被蜂叮」，他們甚至一生中也沒看過幾次蜜蜂，但總會「大頭症」上身，認定自己早就被蜂族鎖定，稍有不慎，就會被叮得滿頭包。

流連花叢、嗡嗡作響的蜂群，多數是工蜂，忙著打理工作都來不及了，根本無暇顧及人，唯有蜂巢附近才是值得警戒的紅線區。

撇開人類成見，細細端詳穿梭林間的蜂，多是窈窕模特兒，穠纖合度，修長身形，長手長腳，胸腰臀皆完美比例，豐滿上圍和下腹，把蜂腰襯得更纖細，標準九頭身，比癡肥毛蟲、靠華服取勝的蝴蝶，圓滾滾的瓢蟲，還來得精雕細琢、渾然天成。

蜂族天生麗質，美得銳利直接，像伸展臺上裸體女模，危險又挑逗，美得難以靠近。

難怪《變形金剛》裡會有大黃蜂，機械結構美，竟在此等活物上。在潛意識裡，那蛇蠍般的攻擊性，性感過火，實是無物能及。

硬要把人的身形比喻為蜂，實是太過恭維了。

（棕泥壺蜂/援中港溼地）

那些不能選擇的

這件禮服過於夢幻，只適合在日夜交界處走上伸展臺。
它灑上銀粉又薄如蟬翼，容易產生皺摺，邊緣像被撕過。
我是這麼喜歡它。
喜歡它低調奢華，喜歡它隨興剪裁，喜歡它若隱若現。
喜歡，是不能選擇的。

每朵花都獨一無二。
只有花知道，會在哪一處破裂，會在哪一處凹折，會有什麼脈紋。
那些刻在身上的印記，都留著祖先血液。
所以，每朵花都伸展自己，用顏色唱出獨特韻律。
美麗，是不能選擇的。

花在暗處閃耀，等待夜色降臨。
閃亮巨星初登舞臺，毫不掩飾光芒。
那時便有蟲子爬上它的臉，深深親吻著，眷戀此時此刻，無私的美麗。
親吻，是不能選擇的。

在安靜無語時，一朵花悄悄綻放。
陽光來得悄無聲息，輕輕穿透，輕輕開啟夢的圖像。
披上白紗的嫁娘，突然也哀愁起來，為著一生永恆的曾經。
哀愁，是不能選擇的。

（閉鞘薑/烏松溼地）

諜對諜

綠頭鴨非特別敏感的水鳥。

牠們常給人悠閒緩慢的印象，不疾不徐，排隊滑過，像條意猶未盡的綠色刪節號。

所謂「春江水暖鴨先知」，在四季如春的南國，能把候鳥變留鳥。

即便是洗澡，膽大綠頭鴨也靠近岸邊，昂起身子，拍打水面，這邊搓搓，那邊甩甩，像故意洗給路人看。分明是暴露狂。

如今我倒跟這隻暴露狂對上了。

一回頭，發現站在池塘邊的牠。

原以為是雕像，立在池塘邊，像全臺造景公園會做的事。

直到牠微微送來憂心的眼神，我才相信牠是活的。

活鴨與栩栩如生的假鴨，最大差別，除單腳站立的「獨腳鴨」姿態，或許還有那放大縮小的瞳孔。

我倆對峙許久，我看牠，牠看我，不知道誰該先動，分明在玩木頭人。

即使隔約五公尺，也能看到綠得發亮的鴨頭，標示身分，提點來者不善的異族，別再往前跨。幾乎能感到一絲怒意，往外輻射。譴責我無故侵犯，且癡心妄為、不辨眼色，大剌剌與之對望。

原本可安心大啖美食的午後時光，竟陷入諜對諜的偵察泥沼中。

卷二

聽

鷸之奏鳴曲

其實沒有所謂的奏鳴曲。

如果妳腦海裡想的是和諧音律，那並不是群鳥所能給予的。

在春天，水鳥喧鬧，是父母對子女斥喝，是幼鳥挨餓受凍正在啼哭，是高喊「我還要，我還要」的呼求，是鳥與鳥爭相推擠，是鳥潮湧現的菜市場，是兄弟姊妹搶食，是哭鬧不休。

每個單音都被消融、瓦解，被更高更亮的音節所覆蓋、包圍，所有音與音的間隙會被填滿，構築出堅固音牆，群鳥單音可在音牆翻滾、堆疊。

鳴啼，都混進嘈雜的背景音裡，像均勻攪拌的砂石水泥，難以分辨原有面目。

忽強忽弱，時高時低，沒有旋律節拍可言的曲調裡，鷸族仍不時登臺高歌，答謝上蒼厚愛，溼地大家族在齊聲吆喝下，使盡全身力量，喊出生命最初的悸動，試著與自身心跳合拍。

這是鷸族豐年祭。歌唱。跳舞。飛翔。

這是鷸族繁衍曲。哀哭。怒鳴。輕啼。

在等待指揮降臨的家族合唱團裡，這是對春天最好的禮讚。

（高蹺鴴、青足鷸／茄萣溼地）

穿越那些必將穿越的雨

我想我需要的不是注視。
我想我渴求的是一朵花，一株草，清晨的露珠，午後的微雨。
也許有撲鼻青草香，陪我昏睡在柔軟花瓣上。
也許有神，領我到可安歇的幽草邊。
我知道世界已經潮溼，帶點黏人惆悵，但我仍忍不住朝虛無張望，把思慮放空，把傷痕洗淨，傾聽整個春日，憂鬱滴落。
不言不語。
在不久前，我飛過綠色海洋，為尋找眾神居住的地方。
觸角說，那是花蜜，那是花蕊，那是傳說裡神靈徘徊的處所。
也許我該相信。
每處花蕊都有不為人知的神祕氣味。
新生命的誕生，總是如此。
最深最暗的交合，總是如此。
只是，我一如往常迷失在汪洋中，只為尋找一處銳利礁岩，雕琢雙翅成形。
我在沒有花蕊處，晾乾飛行，曝曬時光。
彷彿將有聲音穿過我，流過我，為綠海掀起波瀾，震動所有隱喻。
如今我在孤島上，攀附野花蔓草，穿越那些必將穿越的雨。

最終抵達無從窺探的神的處所。

（折列藍灰蝶／本和里滯洪池）

（樹鵲／鳥松溼地）

唱和

樹鵲開口鳴唱那天，城市準備改頭換面。

人們先是緩慢移動，合力從街上搬來一座迷你樹林，放上卡車，歷經彎折與加速，植入湖邊祕密園區。

樹鵲猜測，這是布置電影場景的必要措施，人們拍幾個鏡頭後，就會全數撤走，不過幾年下來，樹林愈來愈龐大，已經停止移植，牠們這才相信，原來此處是專為牠們所準備的巨蛋演唱館。

不過沙啞的「嘎嘎—葛哩歐」名曲，暴露鴉科的音色本質，音樂並不怎麼受到歡迎。

有些鳥群嫌這歌聲太粗獷、詞曲太直白，只要樹鵲家族東唱一句，西吼一曲，便會遭來白眼，但幸好其他鳥群都是短暫過客，唯有牠們這大家族，早將樹林據為己有，在林間蓋起鳥巢。

小樹鵲就在嘎嘎聲中，破蛋而出，在榕樹鬚根上盪鞦韆，在樹枝上舉辦明星模仿賽，誰能唱出最刺耳的嘎嘎名曲，誰就能晉級歌手專業賽，挑戰歌王歌后寶座。

直到有一天，當城市的森林都陷入寂靜時，還會有驕傲樹鵲，藏在樹林裡，用嘎嘎叫聲，相互唱和，彼此取暖，情緒激昂地度過熱帶夏天。

或許，牠們會是獨一無二的明星，登上大銀幕。

或許，會有無數的巨蛋，開始被孵化在城市裡。

（黑冠麻鷺／鳥松溼地）

靜物

身為黑冠麻鷺，多數時候，牠是冷靜自持的老人，並不打算開口。對於「沉默地存在」這件事，牠比其他鷺科更能徹底實踐。除非遭到威脅，無奈憤怒，才會逼牠張開雙翅，急撲走來，發出鬼叫吼聲。

這使得人們對牠，態度有些輕侮，並不怎麼珍視彼此間的默契與信任。甚至走到面前，細細觀看牠藍色眼圈，金底黑瞳孔，黑藍色冠羽帽，腹部的縱向暗色斑紋，紅栗夾雜灰褐色的翅膀與黑色橫條細紋。

人們欣賞牠像看一頭不會飛的鷹。

多數時候，牠是沉穩老者，並不急著離開，而是來回踱步，用銳利眼神，細看眼前晃動人影，思考來者是否為善，憂心樹巢內幼雛。有時在數十分鐘的寂靜對峙後，牠鬆下心防，在水裡好好洗一回澡，在泥地上捕食幾隻大蚯蚓。

在某種狀態下，牠可以證明，心靈忍耐度可以超越其他鷺科，接納人類近距離窺探，接納自身成為一尊被品頭論足的藝術品。

關於寬容這件事，沒有幾個人辦得到，也沒有幾種鳥能做到。

（白頭翁／援中港溼地）

競囀

秋天白頭翁，成群降臨。
牠們彼此熟悉，相互啼叫，閒話家常。
彷彿是人，在颱風前夕，觀看天象與雲後落日。
耀眼的光把雲鑲出金邊，牠們看著，轉過身後，用鳥喙整理背上羽毛。
或許也啄理腹前那處，姿態像是搔癢。
如果有鳥問起，牠們會不耐煩回答，秋颱就要來了。
應當要去海的另一邊。
也許那裡會有成排木麻黃，會有碉堡與軍港，視野開闊，人煙稀少。
也許那裡會有堅固不倒的榕樹，會有更為僻靜的廢墟古厝，足以容納一群鳥溼透的身體。
牠們競囀歌唱，彷彿颱風值得。
值得彼此殷殷關切，像是末日前最後的告別。

（泰國八哥／內惟埤溼地）

八哥之哨

黃嘴黃腳的泰國八哥，強勢外來種，已威脅到本土八哥的生存空間。

牠們歌聲不算美妙，高亢哨音一如急撲姿態，讓人很難忽略牠的存在。

木棉花開時節，有群八哥棲息，冷眼瞧看人間。

有兩隻偶然興起，在枝頭上吹出哨音，一隻發出聲音後，另一隻便靜默，直到那鳥停下，另一隻便悠緩開口。

這是一場對話嗎？

牠們是透過音的高低、大小、頻率，進行必要溝通嗎？

那麼是一音一字，還是停止鳴叫的間隔才能組構意義？或者，音符的強弱排列才是言語重點。

人類的音韻學，也能拿來研究這唱和叫聲嗎？

而八哥所鳴叫的，是為了爭論一隻可食用的幼蟲該給誰吃，還是一對佳偶，正處於「打是情罵是俏」的熱戀裡，不隨便叨唸兩字、拌嘴鬥吵便易感生命無趣。

若是準確模仿方才的啼叫，牠們之間的某隻鳥會回應我嗎？牠如何辨識我能聽懂牠？如何知道我是異族而非同類，牠會對聲音有所誤解嗎？

還是牠們會認為我不過是種善於模仿的八哥，發出無意義學舌語，插嘴干擾了牠們正經的辯論。

在八哥鳥世界，我正是那發出音節卻不懂溝通的品種。

遺跡

蛻去的蟬殼，擱淺在樹上。

牠的腳爪緊緊鉤住樹皮，留著昔日溫度。

「那時萬物恆常，我以為我永遠不會長大，以為不過就是換件衣裳。」

於是，把童年都打包在舊皮囊裡，把昔日泥土香，安逸冬眠，都留在脆裂外殼上。

後來，有這麼一天，牠決定揮別過去，到外頭闖蕩。

「時間到了，我該離開了。」

決意殺死過去的自己，決意把成長的劇痛、苦難跟著那身舊皮囊給留下，牠想要全新的開始，想要全新的身體與心靈，想要一副飛翔的翅膀，想要告別記憶迎向新的冒險旅程。

只是，過去，從未放棄它，即便夢想已經來到面前。

牠必須狠下心，生出堅硬新生活，剖裂過去舊回憶，鑽出記憶的沉重舊殼，拚命往上飛行，行至遠方，不再回頭。

所有眷戀，留在記載掙扎與糾結的遺跡裡，等待考古學者拼湊真相，解讀殘存密碼。

過去，沒有從樹上跌落，只是將歷史變得輕盈。

新生的喜樂是一聲聲搖滾嘶吼，在樹影之中，爆裂出火熱夏季。

人們摸著殘殼，在顫動嘶鳴中，看著過去，一捏即碎。

（內惟埤溼地）

停在時間深處

是先看見蜻蜓，還是先聽見細微的飛翔聲？

蜻蜓，猶如背負平衡木，靈巧降落，是場飛行示範。

人類對飛機的想像，來自對蜻蜓的觀察與模仿。

起飛、滑翔、盤旋、降落、停留，身段優美，如舞臺展演。

有些機身經過彩繪。彩裳蜻蜓黃黑斑紋，腥紅蜻蜓全身火紅，都比揮動透明薄翅的其他種類，吸引更多目光。只是，那飛翔姿態，彷彿脫離不了氣流擾動，彷彿還帶著空中微小震動，緩緩盤旋在草地上。

有些蜻蜓在空中定點停留，有些在枝頭上揮動薄翅，蒙住頭眼休憩。究竟，翅膀之於蜻蜓，是種什麼樣的存在？

是雙腳？雙手？還是心靈？

嚮往自由，會是蜻蜓存在的理由嗎？

沒有雙翅的蜻蜓，沒有擾動氣流的姿態，會是何種殘缺？會是死亡即將造訪的前兆嗎？這會讓蜻蜓像癱瘓病人，萎縮在暗處死亡嗎？而比肉體乾枯更劇烈的挫折會是希望的消失嗎？

那些能被看見的蜻蜓，頂多雙翅稍被磨損，但無礙於隨風而起，沿著湖畔飛行。

我從未見過無翅蜻蜓。

牠們或許曾經停留在時間深處，背光那一面，等待被大地分解。

遺留在人類時光深處的蜻蜓，則永遠盤旋在童年操場上，吻過發亮小草，吻過大地與天空，在燦爛中，光鮮亮麗，煥彩如昔。

（彩裳蜻蜓／洲仔溼地）

（猩紅蜻蜓／援中港溼地）

（斑文鳥／援中港溼地）

黑嘴筆仔之歌

停留在鬱綠雜草中的斑文鳥，喜食穀穗，農人常叫牠們黑嘴筆仔，是臺灣野地常見的鳥種之一。

褐色外表，看來毫不起眼，體型嬌小如麻雀，唯有黑嘴短喙與烏溜溜眼睛，帶著靈活氣息。

通常體型小、外貌平凡的野鳥，容易有偶發的清麗之音。

例如畫眉，是其中最受寵愛的一種。

但黑嘴筆仔的聲音，是單調的「啾—啾—」聲，經常讓我想起「一隻鳥仔哮啾啾」這句話，這首歌源於日本殖民時期的嘉南平原，被抗日義士傳唱的淒苦歌謠，是「哮到三更半暝找無巢」的鳥，演變今日，成為反映中下階層生活困苦的悲情寫照。

但其實黑嘴筆仔看來是單純快樂的鳥。

平凡褐色是最佳保護色，若不仔細尋找，很容易讓人忽略，牠們不似麻雀，成天在人們眼前閒晃，倒是熱愛在無人野地覓食。

如果，黑嘴筆仔讓我想到象徵臺灣命運的「一隻鳥仔哮啾啾」。

那麼，肯定是因為牠們單調平凡的外表，在臺灣土地上飛躍啄食，洋溢堅強生命力的緣故。

野鴿子的黃昏

公園鴿鳩，如珠頸斑鳩、紅鳩，經常往返城市和溼地間，更常沿著人類軌跡移動。有時，牠們受人歡迎。

人們在公園灑出麵包和飼料，供野鴿享用，成群鴿子偶或翩然起舞，發出「咕、咕、咕」滿足聲，聲音沉穩，宛若獨語，有時招來附和，像是經過幾番長考，在決定前，才發出一聲理解的「我知道」，沒有太多激動與驚奇。

鴿子被視為和平象徵，連聲音都平穩到有如咕噥。無意義的碎念，讓人不願費心研究，即便是善於模仿鳥啼的口技，恐怕也會因鴿鳴太像吃飽打出的嗝，無趣至讓人鄙夷。

對於生活裡，飽受噪音驚嚇的人而言，公園鴿啼，頻率低沉頗有療癒效果，能使人放鬆睡去。但若終日圍困在無趣生活中，恐怕日夜在公園聽鴿、看鴿，反使人厭倦生惡。

這是一種重複再重複，叨叨唸唸，來回徘徊的灰色鳥種。

既親人，又警戒，既愛冒險，又不願離開。彷彿要在公園裡，與人天長地久，平凡如雀，漸漸失去吸引力。

直到城市開始拉起禽鳥警報。病毒散播，人們對鳥心存警戒。在公園散步的人們，重新意識鴿子存在。

存在，多麼具體，多麼危險。

野鴿子的黃昏，因為人，開始蒙上黯淡的光。

（中都溼地）

聆聽

夏日午後，我與五色鳥有場即興訪談。

身為歌手，牠其實不喜歡被打擾。我記得，那時牠飛到雀榕身上，準備好好享用大餐。

「這裡是流著奶與蜜之地，隨處可見，都是一粒粒渾圓佳餚，讓人口水直流。」

雖然牠邀請我共享這場豐盛饗宴，但我還是婉拒了。

「看你吃飯，細嚼慢嚥，真是一種享受，我從不知道雀榕的果實，這麼美味。」

「錯過這場春膳，真是太可惜了。」

我拿起相機，按下快門，捕捉牠陶醉美食的模樣。

「唉呀，別趁我吃飯時偷拍啊，喀嚓喀嚓的是什麼鬼聲音啊。」

牠把頭轉個方向，側耳傾聽樹底下快門聲，好像那聲音來自外太空，詭異且奇特。

「我從沒聽過這聲音，好奇妙，一點也不像是其他鳥。」

「這的確不是鳥。」

「那麼，是一隻狗嗎？」

「哈哈，你別開玩笑了，它根本不是存活的生命體。」

「什麼？不是活物！為什麼能發出聲音呢？」

「這個世界上，有很多死的物體都能發出聲音。」

「這真是太奇怪了，改天我要和這些聲音來場歌手ＰＫ賽。」

「沒問題，我想它們都不介意站上舞臺。」
「你喜歡這喀嚓喀嚓的聲音嗎？」
「喜歡，你呢？」
「我不喜歡它擾亂我吃飯的心情。」
我放下手中相機，牠不再四處張望，雀榕餐廳再度安靜，牠蹦跳在枝幹與樹影間，低頭享用世間美味。
遙望牠逆光中的黑色翦影，體會激昂愉悅與淡淡離愁。
彷彿，我們從未交談過。彷彿，都只是場白日夢。

（五色鳥／鳥松溼地）

沐浴

沒有人可以拒絕夏日的沐浴。

首先，得先選好良辰吉時，擁有空曠清澈水面，再慢慢將頭探入水底。

那是什麼感覺？

除了清涼爽快，實在想不出更好的形容詞。

你先感受到池水冰涼，滌淨夏日燠熱，把那頭蓬亂毛髮撫平，把乾裂的嘴浸溼，然後，連你的眼，也必須泡在水裡，感受水流緩緩按摩的力道，最後的高潮，在於擡起溼淋淋的頭，猛然往後用力甩，像拍沐浴乳的廣告明星，看著水珠四濺，在空中飛舞，暢快至極。

接下來，還有身體。

你必須記住，你是艘不沉的帆船，不論風浪如何顛簸，都不會將你吞噬。

你可以在池水裡，擠入上半身，享受短暫泡澡，也可以拍打翅膀，發出撲撲撲響聲，濺起四周水花，讓一顆一顆小水珠，在豐滿羽翼上溜滑梯，然後再把雙翅收回在背面，來場沐浴後的清爽散步。

身為大半輩子都在體驗泡澡樂趣的鴨子，你可以發表很多洗澡技巧的小論文。

當然，沒有一隻鴨子不是漂浮在水面。

當然，群眾仍崇尚高談闊論。

像希臘哲學家，或現代名嘴，針對沐浴的意義各抒己見，致力挖掘享樂的最終境界，牠們辯論著該用哪種姿勢入浴最是療癒，哪種滿足表情才能迷倒眾生。
而這些，最後都化為舒服的長嘆，都變成心滿意足的呱呱呱。

（烏松溼地）

曾經

如何從覆滅裡重生？

水雉決定返回此處定居，難道是因為血液中，殘存對土地的依戀？

前塵往事，彷彿還在昨天上演。

有公式可循的菱田棄耕、水域乾涸、土地開發、大樓林立、汙染來襲。是一成不變，毫無創意的劇本，把郊區納入都市裡，把土地開發視為繁榮政績。

被迫遷移到北方菱田的水雉，一群一群，飛離原有故鄉，往新夢土前進。

被人類強徵豪奪的土地，染上利益薰染的汙漬。

集體出走，成為最後抗爭手段。

當年，被迫離鄉背井尋訪夢土的祖先，在異地開展另段顛沛流離生涯。

歷史上，水雉「滅絕計畫」，還包括菱農在水中施放農藥，菱角田大豐收，卻把水雉關進毒水池，到處是被汙染的食物，誤入毒食在生死邊緣掙扎的溼地生物，漸漸消失。

人們漸漸遺忘，有種在菱田生活的鳥。

披上黑褐色外衣，行走、彈跳於荷葉上，心血來潮時，發出「I-FU」叫聲，撲動雪白雙翅時，姿態像翩翩仙子，從天而降。

牠們，去了哪裡？

人們開始懷疑，水雉已經離開。

歷經大滅絕後，倖存者在溼地邊緣，偷偷繁衍。

像不像極權主義迫害異族的血淚史？

生物族群，正在消失。迫害，其實沒有結束。

當人類驚覺惡行無所不在後，才悄悄開啟救贖與復育行動。他們漸漸認真看待故鄉的土地，漸漸認識和他們擁有同一故土的物種，漸漸從加害者轉變為護育者。

多年後，水雉重返。

躲在暗處苟延殘喘的遺族，一隻、兩隻返回水田，行走菱葉之上，尋覓往日榮光，在無毒水塘上，繁衍子嗣，依著祖先足跡，眷戀血跡斑斑的故土。

這是關於水雉尋找土地正義的故事。

出走與回歸，受創與復興，水雉遭逢劫難的迫害史，比瀕臨絕種生物稍好，但人類從未將正義給予牠們。

人們以為，牠的出現與存活，都該是理所當然之事。

但所有的存在，從來就不是理所當然。

人們護衛水雉生存權，護衛行走與飛翔的權力，單方面見證生物可以脆弱至此。不堪一擊。

知道黑暗，卻不能抗拒黑暗。是存在最大的悲哀。

（水雉／洲仔溼地）

奔跑的孩子

誰能阻擋孩子奔跑？
誰能阻擋孩子跳躍？
牠們是這座水域的孩子，是天空的孩子，是幽靜林地的孩子，是紅冠水雞的孩子。
牠們也可以是人類的孩子。
盡情在蓮葉上奔跑，盡情在水上捕食，盡情與成鳥嬉戲。
童年如此短暫，成長如此艱辛，生活如此無趣，只有玩樂是真實的，只有飲食是真實的，只有展翅是真實的。
那些水面上的漣漪，一圈一圈，像動人誘餌正在迴旋，那些寧靜湖面，不過是流動大地，藏著緩緩蠕動的大餐。
而一片片蓮葉，是專門鋪設的大道，承受那桀驁不馴的腳爪與奔跑的重量，再也沒有比這更為柔軟的操場可以讓牠們奔跑。
如果可以，操場中還有枯枝橫亙、水草雜臥，偽裝成障礙賽跑道。
「預備，開始。」
在一連串驚聲尖叫與振翅跳躍中，風，穿越羽翼，見證年少輕狂的無悔無羈。

（紅冠水雞亞成鳥／鳥松溼地）

唱遊課

朗德鵝很適合登臺表演。

毫無例外的，牠們會把擅入舞臺區的不相干人等，一律追趕到舞臺外，等到大夥就定位後，牠們霸占中央綠地，開始大聲合唱，要求參與者要先通過耐受力測試，證明即使牠們狂野叫喊，也不能使人落荒而逃，測試合格的觀眾才有資格站在臺邊，欣賞演出。

通常這種實驗舞臺劇，帶著即興，你喊名字，牠便回應，每喊一次，牠便回應一次，像隻巴夫洛夫的狗，訓練有素，一來一回，數十回後，便足以讓人耳朵長繭，見證人與鵝間的隱形制約，並不亞於人與狗。

邊唱邊遊，是朗德鵝的招牌節目，牠們沿著舞臺繞行一圈，還不忘緊緊盯住場邊人群，深怕不識相的粉絲，偷偷跑到舞臺上，摟住牠們拍照，搶去巨星風采。

有人說，牠們表演風格太強悍，也有人說即興演出太精采，不論觀眾評價是什麼，牠們仍是相當熱中與人互動，不論是上一堂唱遊課，或是來場人鵝驅逐賽，牠們永遠活潑熱鬧地度過每一天。

（朗德鵝／洲仔溼地）

人

做為溼地生物的一種，人類可以製造出許多聲音。用發聲器，用動作，直接間接擾動聲波。

儘管沒有翅膀，卻有靈活四肢與龐大身軀，每走一步，對細微昆蟲而言，都會是轟雷巨響。

對於生物而言，人類能夠扮演呼風喚雨的角色嗎？決定一隻螞蟻生死，囚禁一隻蝴蝶，驅趕鷺鷥，移植樹種，我們經常扮演萬物生死的執行者。

但強勢如人，會是「神」的存在嗎？

人無法區辨螞蟻與螞蟻間的差異。無法記得住這隻白鷺鷥與那隻白鷺鷥的不同。除了套上鐵環，劃上記號，無人可以分辨大自然同類生物間的差異。

如果認為神可以聽見每個人的呼求，可以區辨人與人的不同，那麼神必定可以區辨萬物間差異。

聽不見生物祈求的人，遑論成為神。但為什麼人經常僭越神，而妄自決定其他生物生死？決定其他品種的基因？甚至謀害其他物種的生命權？物競天擇，適者生存，何時成了「順我者生，逆我者亡」？那是因為人在食物鏈頂端，掌握了讓人絕對腐敗的絕對權力嗎？

抵達

或許這是座理想無人島。
幾根枯木架構出超現實島嶼，帶著包浩斯風格。
功能與形式，完美結合。
把簡約線條，交構出實用機能。
白鷺鷥說，再也沒有比這更悠然的度假島嶼。
在這枯木島上，牠時而下水，時而飛奔上岸，來往於水塘與木頭之間。
像在述說海與陸地的故事，像是迷戀日光浴的觀光客，像是穿著白色比基尼的誘人女郎。
當牠屢屢從水面張開雙翅，姿態萬千地飛起、降落，像雜耍舞者跳抵平衡木時，總讓人感到華美與失落。
表演就要結束了嗎？還是正要開始？
為什麼牠需要來回踱步，像正在構思舞碼的編舞家？
儘管牠粗聲怪氣怒罵著，好似被放逐的藝術家，仍舊沒人能夠理解牠。
這個世界依舊轉動著。
時光，從不會為一隻白鷺鷥的舞蹈而停下。
記憶，往往會從白鷺鷥抵達後開始說起。

（白鷺鷥／洲仔溼地）

卷三

品

綠光

那些線條是怎麼一回事？

森林，血脈交錯，每段枝芽頂端都有顆珍珠。

綠寶石的放射狀分岔，是皇冠上最閃亮的星辰。

在雨季來臨前，綠皇冠準備就緒，它伸出觸手般的硬挺毛髮，像一盞盞高掛的燈，努力照亮天空，並預言綠色耶誕總有一天來到。

皇冠設計師很自豪那交錯線條，像來自外太空，「或許曾經有架太空梭，便以這種祕密型態滾落火星。」

當然，總有更複雜的設計，把皇冠變成神靈迷宮，在其中彰顯小小神蹟，有如女巫指上的一枚戒指，以獨特雕工彎折反射光線。

有些昆蟲穿梭在細微裡，像走過叢林與荊棘，而有些則是一根根梳理，去除多餘枝條，期待能剪出一棵樹。

當數學家還在解析結構的角度與機率時，藝術家便以美的回歸線，為綠色皇冠命名與展演，彷彿它最終將從外太空跌回人間。

（毛西番蓮／援中港溼地）

迷霧

沒有幾人見過藏在世界背面的白色迷霧。
蜂巢形狀規整，收容夜的寂靜與清晨水露。
所有意義，都回歸到這裡。
而所有的光，才剛甦醒。
有時會有孢子離家，朝遠方不可知的命運飛去。
有時會有迷失小蟲，窩進潔白的膠囊旅館，以為能升上太空。
有些空間過於潔白無瑕，連神也敬畏。
也只能讓它漸漸透明，讓光穿透，讓水盈滿，只剩時間入住。
那些附著在蜂上的死亡花粉，也終於得到歇息。
當洶湧雨季如潮水退去。
當陽光紛紛從露水跌落。
便有迷霧散去，留下來不及乾燥的記憶。

（鳥松溼地）

告別初夏

我願用肉身去包裹初夏的雨。
把身體彎曲再彎曲，拉折出最嬌媚的表情。
歷經烈日晴空，歷經鳥語啁啾，把美好複習再複習，把幸福的輕盈，緊緊握在手心，等待時機成熟，便能隨風落下。
當狂風暴雨驟然而至，啟動生命輪迴，閉上眼睛，承受水珠如槍炮般射擊。
肉身沉重，祭壇上永不滅的火，棲息在紛雜角落，如凋零鳳蝶。
「然而，泥土是最終歸宿嗎？」
身上覆蓋剔透水珠，倒影天空與人群，在那之上，有沒有將遇見的風景？
我想聞聞青草腥甜，它們是剛要長成的孩子。
我想摸摸軟綿軀體，看它們被拆解成大地的樣子。
我想嚐嚐清冷雨水，用靈魂喝下夏天醺然的陶醉。
而泥土正溼潤地燃燒，在這場初夏告別式，萬物在雨中沉思。
當來世甦醒成一枚綠芽，誰能釋放永恆幸福。
命運像一則預言，浮現在晶瑩裡。
我親吻泥土均勻鼾聲，像久違戀人，緊緊擁抱在一起。
交纏成一方沃土。一起睡去。
融入最深最深的地底。

（鳳凰花／烏松溼地）

（內惟埤溼地）

在地球漂浮

蕈菇，在雨後漂浮。

泥地成綠海，它們妄想定錨，在海上揚帆。
白色船身布滿歲月痕跡，像歷經風化的地形。
有隻螞蟻興奮登頂，用八字形繞圈，進行地毯式搜索。
什麼食物也沒有，牠決定到船的背面偵測。
有不知名生物，在船上戳出洞，證明它質地柔軟，適合航行到遠方，或許在這時候，事實已經證明這艘船，來自太空，負載許多嬰孩。
它有它的任務——降落地球，張開羽翼，釋放生命。
那些孢子藏在背面，皺摺與皺摺擠壓處，像在嬰兒保溫箱裡自在。
在溼潤中漂浮的船，還在長大。還在張望。
「這是浮上地表的蟻窩，等待遷徙。」
當下一陣風到來的時候，只有孢子脫離母船，遠颺到他方。
它們繁衍子嗣，落地紮根、張傘成家，不再漂流。
「我們將耕耘這塊地，讓雨水滲進地表，讓微生物滋養群體。」它們寫下漂浮後的誓言，彷彿可以放下所有行囊，不再跋涉，在白色族群歇息之地，得到最終安息。

韻律之必要

那種顫動，會讓人誤以為手中握有仙女棒。
點石成金，點草瞬閉。
因為敏感的緣故，含羞草葉片，注定要講述自身故事。
安靜時，葉片雙雙對對往外舒展，帶著圓弧狀規律層次，自成秩序。
那時候，對稱與平衡，支撐整個宇宙。
它們面貌模糊，習慣各說各話，有雷同的心事，身世大同小異。
葉片線條優美，玲瓏有致，當它們聚在一起，甚至無法分辨彼此弧度，無法排列出驚人規律。
在運動時，因為膨壓，葉與葉往上閉合的速度，以或緩或急的律動回應觸摸力道，以悸動頻率展現自我風格。
每組葉子有不同速度，每組葉子有不同機運。
當外力介入，含羞草開始明白彼此差異。
「我們甚至連閉合速度都不一樣。」它們害羞地討論。
葉子在內心開始想像獨立。
「關於我們所想望的主體性，將在不久後成立。」
人們嘗試畫出每片葉子的方向，記錄每片葉子的長度，把弧形線條勾勒出一幅抽象畫，計算閉合速度來尋求宇宙律動。

或許，還有難以測量的羞怯需要細細揣摩。
葉與葉間，規律與扭曲，排列與變形，被視為奧祕的起源。
它們帶著使命誕生在大地上，用肉體偵測力量，用韻律應和命定，直到永遠。

（含羞草／中都溼地）

糾纏

今年夏天，在不同地方，不同的黑夜與白天，看見黃斑椿象飛過。
我懷疑，是同一隻椿象，苦苦糾纏。
剛開始，牠在樹上，吸樹汁而活。我湊上去，仔細瞧看。
原以為會是天牛，結果是椿象。放眼望去，沒有同伴，竟是落單孤蟲，獨走天涯。
這讓牠揮舞著警戒觸角，張望著無辜大眼。
「到底你想做什麼？」
振起雙翅，牠飛到鳳凰木枝葉上，鮮綠背景，讓黑底黃斑更顯眼。
把隨身相機拿到眼前，按下快門。在那瞬間，我懷疑牠想裝死，或釋出驅敵腥臭。
「我警告你，別再過來。」牠全身僵硬，死命抱緊葉梗，突出的雙眼盯著我。
對峙許久。等待彼此採取行動。
牠沒有飛走，我沒有離開。日光持續偏移。嗅聞陌生氣息。
我沒有出手捕捉，懷疑牠才剛從別人掌上離開。
隔天，在城市停車場，再次看見牠鬼祟飛來，朝向我，如此莫名。
在我四周繞了一圈，像要確定跟蹤目標無誤。
最終牠停在後視鏡上，在反射光線裡，再度凝視我與我的世界。

（黃斑椿象／鳥松溼地）

蒺藜

這應當是暗器原型。

古代戰時鐵蒺藜，武俠小說流星錘，都像是蒺藜的意象版與放大版。

難纏，糾結，扎人，皆有所本。

溼地蒺藜草，扎進童年最初的夢。

躲避球滾落，蜻蜓低飛，綠野上的奔跑，放學後的探險，一腳踩進敵人重重陷阱。

從地底長出星辰，一顆一顆排列，沿著抽長枝芽，開始燃燒。

那些被禁止的神祕，一圈一圈環繞，沿著天空邊境，閃著光芒。

童年的夢啊，把雙腿當成夜空，沾附綠色星辰，醒來後隱隱作痛。

奔跑，從來就不是件簡單的事，無憂的全然的自由，因為蒺藜的糾纏，而顯得顧忌，於是，孩童開始觀望，學會閃避，喪失大膽自由。

「難道，這就是長大嗎？」

收斂膽大妄為的心，知曉最初最細微的危險，迂迴路徑，躲避刺痛。

就當是最後一次放縱吧！深入蒺藜之地，尋求無畏之心，讓它們勾附在移動之中，讓它們去看看這個世界，讓肉身知曉憂患與存在。

我把綠色星辰，從褲腳上一顆顆拔除，針刺扎著指頭，召喚童年歡樂的奔跑，召喚痛快奔跑後的傷痕。

如今蒺藜依舊埋伏，像扎進生活裡大大小小的地雷。

等待智慧化為巧手，將憂慮蒺藜，從人生裡移除。

覺知

有風。無風。

從地上高高掛起的白茅，梳理風的流向。

這邊，那邊，無常，無我。

只剩風，把毛內穎果，帶往遠方。

風，是繁衍，是流動，是希望，是依存之物。

在風中，每根茅草都在彎折，每根白毛都在丈量未來。

把凝滯空氣驅散，糾結的白色絨毛，不再拉扯，它們聆聽風來去，伺機飄離一成不變的日子，那些懷孕結果的，將落到地底繁衍，那些蒙受召喚的，將隨風而去。

細小莖稈上，所有毛絨最終是過眼雲煙，是豐滿生命的裝飾品，是乾涸時光裡的小小奇蹟，它們用舒展細毛，歌頌初夏微風，用欲走還留的姿態，演出眷戀難捨，用纏繞白毛，打開我的眼，覺知風與物存在。

風起，細微地震動毛茸茸頂端。風停，世界暫停如木頭人。

我停在風中，想像是株白茅草，讓俗事煩憂如糾結白毛，一絲絲掙脫，飄盪在空中。

最終，它們會消失在不知名的遠方。

只剩空盪禾稈，聆聽風聲細語。

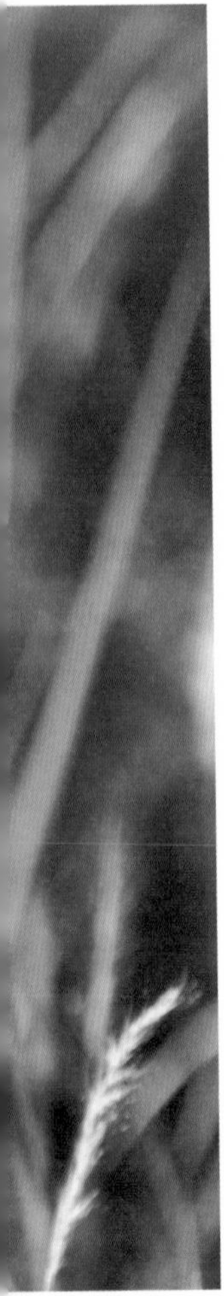

（白茅草／內惟埤溼地）

溫柔灘地

糾結清白招潮、窄招潮、喬瑟琳招潮蟹、北方呼喚招潮蟹……細數那散落在泥灘地的招潮蟹，品種各異，然身形顏色皆別具特色，這區棲地是招潮蟹大熔爐，彼此和平共處，相親相愛。

沒有人為爭地盤而大打出手。

牠們問，有誰能擁有土地、天空、海洋與潮汐？

無人能夠。但人以為能夠。他們買賣土地與空氣，劃分海洋領地。

招潮蟹明白自身微小，而世界巨大，明白局限與終點。

沒有擁有，就沒有買賣，就沒有爭執。

在泥灘地上，在神賜福的大地上，土地屬於招潮蟹、彈塗魚、水筆仔，以及那些將要繁衍後代的生物，這是最後樂園，也是蒙福之地。

牠們來來去去，享受四處移民的日子，族群認同不是什麼大問題，在海灘搶到日光浴的好位置才是該琢磨的技巧。

「也許這輩子就不離開了。」每隻招潮蟹都有定居打算，只是潮汐一來，牠們便奔出家屋，在嘻鬧中忘了不隨便遠行的承諾。

招潮蟹冒出陰暗地底時，日光普照，夏日悠長，先知們越過溫柔灘地，速速奔向遠方的海。

所有的橫行，此刻看來，都變得神聖而滑稽。

（援中港溼地）

彈塗時光

我願是尾彈塗魚，在溼爛泥灘上打滾。
悠遊在泥地，緩緩彈跳散步，試著塗抹些回憶。
我想拜訪招潮蟹，聽聽族群間的八卦與爭執。
誰如何橫行霸道，誰如何換了位置就換了腦袋。
總有人想對神告解，也總有人渴望絕對的腐敗。
總有許多日常，好比出遊計畫以及對天氣的抱怨。

也許我是彈塗魚，匍匐前進像隱密士兵。
埋伏在眾多異族中，收集堪用情資。
好比潮汐的時間，日光的溫度以及族群的遷徙。
我想這不關什麼主義，但關係著我等待陰乾的心情。
我趴伏的姿態與偽裝的決心。

日光已漸漸偏斜，最美的黃昏就要來臨。
也許招潮蟹正挖著密道與地穴，準備穿越夕陽。
穿越屏障，穿越那些被過度穿越的想像。
也許所有溼涼泥土都能將我覆蓋，將我掩埋，我便能偽裝成游動虷蚓，翻墾灘地最美的風景。

（彈塗魚／援中港溼地）

（鳥松溼地）

特技

比蜘蛛人更勇敢的蜘蛛，在葉底下，隨風晃蕩。
只有一根蜘蛛絲牽引牠，對抗地心引力與風雨來襲。
修長八隻腳，讓牠看來像微小版帝王蟹，有種誘人色澤，腳上細毛彷彿正在風中顫抖著，不知該張開還是收攏。
細小絲線對比牠略顯分量的身軀，讓風中擺盪顯得更為戲劇化、驚悚化，活像細鋼索垂吊一臺飛機掛在峽谷上。
微風徐來，蜘蛛絲隨綠葉抖動，小蜘蛛只能玩高空鞦韆，上下左右擺盪。
再也沒有比這更堅韌更柔軟的絲線。
整個下午，蜘蛛哪裡也沒去，只是守著那根絲線，自願黏在葉背上，等待夜色來臨。

儀式

大卷尾叼了一尾蟬，停在樹上。

牠把蟬放在腳邊，先瞧瞧我，再看對面樹幹上松鼠，確定地盤上無物妄動，也或者，牠實在太餓，沒有心情和松鼠打上一架宣示主權，便又低頭，把獵物放在小枝幹形成的餐桌上，啄開蟲體，鳥喙鉤出肥美肚腸，細嚼慢嚥，很是優雅。

事實上，我並不確定牠在吃什麼。看來像蟬，但四周不見蟬聲嘶鳴。

我沒有移動腳步，倒是牠聽到相機按下快門，急急叼起蟲，換了位置。

傾聽。察看。吃食。

獵物在牠腳邊，放下、拾起、放下、撕裂，最終像塊牛排，囫圇下肚。

大卷尾稱得上是凶猛鳥類，平常見牠黑著臉，兇狠盤據枝頭，盯看眾生，但在吃飯這件事上，倒也不急不徐，始終維持警戒本色，無一刻鬆懈。

看著被踩在腳底的獵物，又被牠急忙啣在嘴邊，轉了一個方向。

不確定獵物是死是活。我與牠，看著那奄奄一息的蟲子，彷彿在等牠斷氣。

牠換了三、四個位置，一頓飯，吃了快十分鐘，比人還久。

這是屬於牠的進食儀式。專注而深刻。觀察四周也細看食物。

牠在吃飯嗎？還是在咀嚼世界？

咀嚼偏斜日光。咀嚼溼地聲響。咀嚼暗處危機。

慢條斯理，一口一口，吃下生命的寧靜與美好。

被食的肉體，因這緩慢而神聖的儀式，彷彿也得著死後榮耀。
因為犧牲與餵養，大卷尾活了下來。
所有生命的短暫存有，不正是因為他者無私的供養嗎？
進食必定莊嚴，沒有食物餵養，生物難苟活於世。
位於食物鏈最上層的人類，該是最需感恩大自然的生物。

（大卷尾／內惟埤溼地）

（內惟埤溼地）

午後狂想曲

在湖上營生的鷺鷥，平心靜氣在池畔來回走動，這裡是人工樂園，該有或不該有的食物，在這裡都找得到。

巡過幾回，牠上演時而振翅，時而跳躍的舞蹈，顯然已能滿足在此散心的觀眾。近半小時的停駐，時而有一、兩隻同伴飛來，但不到一分鐘就飛走，只有一隻鷺鷥堅持使命，留守湖邊賞鳥區，時而擡腿抖腳，時而整理白羽，像專業表演者，吸引路人讚賞目光。

人們愛戀白鷺鷥的優雅溫柔，調皮孩子拿起麵包，對眼前鷺鷥奮力一丟，按照過去經驗，鷺鷥總先飛起，降落在遠處，待安全無虞後，再回到原處。

但這隻鷺鷥，顯然受驚過度，顧不得形象，往前暴走，亟欲屈腳升空。

鷺鷥提腳張翅往前撲去，孩子張臂昂然，撲然向前，想擋住去路，讓牠分不清是攻擊、護衛還是惡作劇，只好轉頭飛起，急張的雙翅掃過孩子雙眼，併攏的後腿鳥爪劃破粉嫩臉頰，孩子尖銳哭喊聲從後方追來，帶著控訴與憤恨，像要殺死牠。

短短幾秒鐘，尖叫聲混著恐懼，鋪天蓋地網住牠，牠撲翅亂舞像網中鳥，沒了方寸，白色飛羽有了細細血絲，人們撿起石頭表情猙獰，湖面處處是漣漪。

白鷺鷥滑過水面，轉進另一處安靜水岸，牠驚魂未定，在水岸邊低頭覓食，走走停停，不受旁人干擾，牠發誓再也不隨意離開，下定決心躲避野蠻侵擾。

但神知道，牠的誓言像湖上閃光，詩意美麗，但善於遺忘。

邊境

夜裡，她試著就路燈昏暗的光線，一探池底生物。

依稀記得多年前，池底有蛇滑進衣服裡，也是在這樣深黑夜裡，蛇一滑進衣袖，她便猛然一驚，清冷滑黏的觸感，猶如電流從腳底往上竄，直達腦門，她的反射動作便是站起尖叫，拚命甩動身體。

白天經過時，這裡是紅、白睡蓮散布的美麗埤潭，她沒想過竟有蛇，更沒想過冷潭如此淺淤，池水高度只到腰上。

尖叫聲引來正在散步的一對夫妻。他們在岸上叫喚：「妳還好嗎？」見她泡在水底好似沒溺水，便撥打手機並走到池邊，熱心伸手希望能拉她一把。

她自小怕滑溜生物，冰冷黏膩的觸感，總讓她不寒而慄，這恐懼在漆黑無月的夜晚被暈染成無限大，顯得尖銳又淒厲，在池底叫得過火了，連蛇什麼時候滑走也不知道。

橋上夫妻召來救護車，她全身溼透被擡上擔架，離去前，看了漆黑潭水一眼，心想沒死成又給嚇得魂飛魄散，實在不值得。

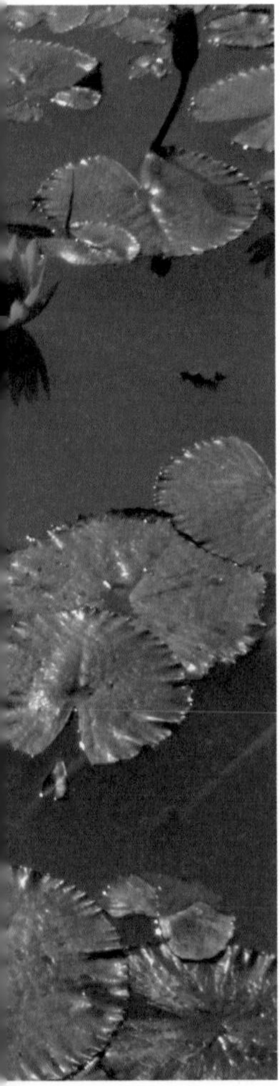

（洲仔溼地）

整座島嶼的刺

彷彿能聞到無風熱帶島嶼。
銳利且堅硬的空氣，像排列整齊的子彈，準備朝行人射擊。
有人喜歡撫摸，而有人善於剖開。
要知道波羅蜜的滋味，必像波羅密心經，外皮冷硬而內裡柔軟。
看來醜怪桀驁，極有個性。
它們喜歡緊貼樹的心跳長大，像枚懸掛在子宮外的胎兒，把所有的熱帶想像都裝飾在身上。
碩大、豐饒、怪奇與多蜜，比無風赤道，還能燃燒島嶼。

第一位發現波羅蜜的人，或許來自異地，來自陌生國度。
他必須像頭猛獸，掏出尖刀，剖開熱帶奧祕。
當甜蜜填飽肚腹，他便能遠離獸，驅趕瘋狂的惡。
思索菩薩給予的黃綠色袈裟，也許帶著魔幻法力，讓人去抵抗去護衛那值得呵護的一切。
比如，一座漂浮不沉的叢林島嶼。
比如，那些美好溫暖的成長記憶。
比如，穿透表象直達核心的憂傷。

（波羅蜜／洲仔溼地）

面容

撫摸每棵樹，有些樹皮粗糙堅硬，有些樹皮柔軟可撕，有些布滿深刻皺紋，而有些則有大小不一的突起，所有蒼老質感，都是歲月刻印的面容。

枝幹表面，有些縱列，有些突起，有些樹皮具有療效，有些卻說是致癌物，兼有藥理與毒性，前人說鬧饑荒時，只能啃樹皮樹根，好似只要剖開粗礪外在，便能找到可食纖維。

仔細觀看每棵樹，通常還能看到特定種類的甲蟲，好比獨角仙特別愛吸食光蠟樹汁液，不肖商人便守在光蠟樹下，於灰白色樹皮上，收集獨角仙販賣。

有些小型昆蟲也在深淺不一的樹皮凹折處，尋找棲息地，繁衍下一代，柔軟如白千層的樹皮，可打出隱密的窩，卻也容易被鳥啄食，牠們翻撿樹皮像在潮溼土裡挖洞，輕而易舉叼出豐美活物。

有些樹，善於流出甜美汁液，把自身變成美食，許多昆蟲，往往難以抵擋誘惑，爭先恐後在樹幹上忙碌搶食，牠們是「以樹為天」的種族。

樹的高貴，是全然奉獻，是把自身變為沃土。

牠把樹葉予人遮蔭，把枯枝予人焚燒，把汙穢變為潔淨，把堅硬變為柔軟，把存在變為記憶。

如果人類能有樹的慈悲，就能明白生命最終價值。

植有香蕉的土地

龍瑛宗寫〈植有木瓜樹的小鎮〉，描繪殖民時代，小鎮知識分子的挫敗，我總想像著那個木瓜樹旁，該有棵鮮綠香蕉樹，在風中昂然雜亂，堅守崗位。

香蕉，南方風物，果肉結實香甜，予人飽足感。

枝葉大氣的香蕉樹，相較於成串排列有序的黃色香蕉，反倒接近慵懶的風雅存在，朝四面八方彎折的蕉葉，喧賓奪主，有些會往上竄，有些則懶洋洋垂下，每片葉子都有即興的舞蹈姿態，試圖在雜亂裡創造熱帶南國的不羈情調。

有人用蕉葉遮蔭搧風擋雨，有人拿蕉葉當碗盤桌布。

有人看到香蕉，想到臺灣香蕉熱銷日本的輝煌過往。

然則，我見香蕉，想到的是搭乘慢車的回憶，窗外一幕幕水田荒野，總有幾株種植在後院或農路旁的香蕉樹，數量不多，卻醒目佇立，蕉葉張揚狂舞，彷彿正在訴說農地荒涼、老宅頹圮與小鎮滄桑。

時移事往，唯蕉樹安好。

仍在原地，默然結果，舞動翠綠枝葉，迎向熱帶突襲的風。

（洲仔溼地）

樂園

黑棘蟻樂園，是枝葉、果實、花朵以及各種可供攀爬嚙咬的食物。牠們身體光亮如緞，喜食蜜露，大顎發達，與蚜蟲共生，據說生性凶悍。在大型蟻中，黑棘蟻沒有兵蟻階層，舉目所見，多是忙碌工蟻。看牠們三五成群，盤據在枝葉上，往往可以瞧見張著大顎咀嚼食物，千瘡百孔的樹葉，多數是蟻群傑作，有些樹葉，被咬得幾乎只剩葉脈，而有些難以下肚的果實與花朵，搖身一變，成了遊樂園。

書上說，雜食黑棘蟻，耐旱命韌，適應性佳，但也說，《本草綱目》曾提到，黑棘蟻養顏美容，是可食昆蟲。

在沒人推銷黑棘蟻「保健食品」的今天，牠們的繁衍也不算普及，許多人眼底無法容下中小型螞蟻，遑論體型看來頗為驚人的黑棘蟻，只是，牠們攻擊火力遠遠比不上外來種火蟻，接近「中看不中用」的憨大呆。

我看黑棘蟻在林間四處漫走，爬上我的手，我的髮，觸探我的肌膚與毛孔，遲遲找不到出路，牠們迷失在髮膚之上，一如迷失在濱海植物的花朵果實裡，像進入迷宮的孩子，慌張而焦慮地移動身軀，尋找出口。

或許世界是座超級大樂園，而牠們寧可工作，也不想在迷宮裡虛耗時光。

（黑棘蟻／援中港溼地）

淺灘

對於人的不耐，牠表現在速度上。

在人還在沒出現時，世界一派優雅，時光靜好溫潤，湖面碎光閃耀，雲疏天清日高遠，沒理由不出門走走。

牠想飛。張翼移腳低飛，靠近水面小魚，看了幾眼，沒抓，一身輕裝停靠岸邊。淺灘別有洞天。脖一縮一彎，往泥地細細翻找，像辛勤農人耕耘農地，得先默默翻土才能期待滿滿收穫。

一對祖孫走過，坐在岸邊椅上，見牠低頭獵食。小男孩約兩歲，會跑會追的年紀，卻明白稍微晃動，便會驚飛鷺鷥，寧可安靜縮在祖父腿上，看著一公尺外的鷺鷥，一路輕巧慢步上岸。

不知是平日管教得宜，又或是天性膽小，小男孩連大氣也不敢喘，時而與鷺鷥對望，時而指著鷺鷥，要閉目養神的祖父看牠，一老一小化成椅上雕像，瞇著眼看逆光下的飛羽白光。

或許是走得太近了，觀眾愈來愈多。

帶著兩個小孩的媽媽、一對情侶、帶狗的女子和三名騎著鐵馬的車友，陸續停下來，看著岸邊鷺鷥，他們帶來吵雜，時而對著湖面交談，時而對鷺鷥指指點點。

「牠在幹什麼？」

「是不是在找蟲？」

「怎麼不怕人啊！」

「可以餵牠吃麵包嗎？」

鷺鷥覓食的辛勞，被誤解為華麗的演出，牠什麼話也不說，朝湖面振翅而起，飛離人類帶給溼地的憂鬱。

（內惟埤溼地）

（印度莕菜／洲仔溼地）

（臺灣水龍／洲仔溼地）

逆光旅行

女孩逃離溼地公園草地，打開陽傘，躲到鄰近樹蔭下，傘還張著，沒收，怕再有毛毛蟲或鳥糞掉到頭上，為了讓緊張心情平復下來，她戴上耳機聽歌，掏出手機上臉書，在手指滑動間，試圖打卡，但這裡太過荒涼連座標都找不到。

「即使在這裡失蹤，也沒人會發現。」女孩憂心恐懼，彷彿真能在這裡發現屍體，手機收訊不佳，網路斷斷續續，世界像與她作對。

陽光使人暈眩，一隻蜘蛛爬上手臂，蜜蜂在耳畔喋喋不休，腳底螞蟻大軍咬了她好幾口，蚊子糾纏體膚，毛毛蟲如果實落下，她是被自然囚禁的犯人，全身無法動彈。

為了成全情人的賞鳥旅行，女孩犧牲自己。

「沒什麼比這樣的愛更偉大，也更自虐。」她淒苦想著，自己橫躺在樹蔭底下，有如睡美人等待解除魔咒的吻。

只是她的王子，漸漸變成一株湖畔柳樹，隨風搖擺，款款生情，哪裡也不想去，哪裡也去不了。

卷四

聞

慾望

不要說你沒聞到，牠們明明在這裡。
那些美好的謎，散落氣味，生命的遺跡，都在繁衍。
受傷的，殘破的，求告的，還在路上獨行。
所以，我又回到這裡。
茂盛天堂已經是座泅泳海洋。
潛入氣味底層，順著海流，進入太空。
粉蝶與流螢還未藏入礁岩，雨珠已先成為水母。
滴滴答答攻擊大地，吞噬浮游生物，凝結出真菌。
還未消化的紅構果與毛柿，爬滿仰泳的蟻。
光影扭曲，波紋突裂，快要捲出漩渦。
我只想舞動四肢，穿越岩洞，穿越綠色國度。
然後，浮上水面，穿越地平線。

這些日常，都不是我要的探險。
如果上岸，不用利爪，便挖不出隱匿。
牠們全藏在大地另一面。
幼蟬還在呼吸，蚯蚓練習吞噬，糞便風化推移。

（構果／鳥松溼地）

遺留的痕跡都將是真理，都將被嗅聞、追蹤和拼湊。
都將被狂野愛著。

整個世界還在破解奧祕習題，真理橫躺在鼻腔探測器裡。
必須用風織成密網，將蛻變的恆常打撈。

從今而後，我便是全能的失能者，善道的失語者。
便可以奔跑，穿越枯倒的木，腐爛的土。
穿越花朵，穿越天光，穿越一潭寧靜湖水。
穿越草叢，穿越棧道，穿越那些還未穿越的。
去纏繞那些還未纏繞的生死。
去等候一株盛開與凋零的樹。

陰天

讓人聞不膩的陰天風景，是什麼味道？
是綠葉與水草交疊的體味，有點腐敗，但很新鮮。
是微風帶走蒲公英的味道，有點重量，但很飄忽。
是聒噪蟬聲撕破天空一角，有點狂野，但很溫柔。
是枝芽撫過綠水，偷吻臉頰，泛起漣漪的味道。
是淤泥滋生微菌，繁衍細藻，裂變萬千的味道。
是那些種種，來不及記憶，就會消失的味道。

在天空還沒有破損前，所有水光都在沉睡。
所有繁花都在等待盛開，蜘蛛都在結網。
鳴唱的蛙還在跳躍與捲舌，練習柔軟。
攀緣在湖邊的浮萍，索取停靠的權力。
而說要帶來濱海氣味的暴風雨，還沒摸黑上岸。

但我們已經在這裡。
坐下。呼吸。閉眼。消融。靜止如鏡。
姿態像神一樣高傲。一樣不可理喻。

只剩氣味，還在對面。
不斷發射謎題。

（鳥松溼地）

（龍船花／鳥松溼地）

存在

存在，不需要理由。
不需要思考。
不需要不思考。
放空時，我仍在。
枯萎時，我仍在。
聞不到自己時，我仍在。
像花蕊吐出時，我仍在。
像大地莊嫁被蜜蜂收成時，我仍在。
像遼闊高臺被群蝶占領時，我仍在。
或許潮溼，或許乾涸，或許並不那麼日常，但我仍在。
當我流出奶與蜜，流出淚，流出神，我仍在。
為此，我感激蜿蜒而過的流水，一些剔透的雨和碎裂的雲。
一些微小生物，一些看不到的宇宙。
一些準則，一些真理，一些音符與風。

時間，應如是

時間，應該這樣假寐。
應該是特技演員，扭身轉頭。
把鼻子嘴巴塞進背後鴨絨被裡。
在淺水岸上繼續等候，那些遲到的夢。

時間，應該這樣醒來。
應該把每根羽毛都梳理。
把鱗片般的花紋用白線畫好。
用體味喚醒眼睛與鼻孔。
而那些未完的夢，都被豐滿羽翼掩藏。

時間，應該聞起來像熟睡的鴨。
應該像被啃食的夢，漂浮在落葉上。
像預備被吃掉，又吐出的蠕蟲。
緩緩在土裡，弓起身體，往前爬行。

（鳥松溼地）

花事

每個生命都曾經蒼鬱
都曾經是熱帶雨林，餵養大地
停留在客棧的旅者，匆匆攫取短暫棲息，又匆匆離去
那時天還沒黑，地還很整潔
雲還漂泊在微溼臉上
星辰已在銀河醞釀，一場微型爆炸
在夜的角落，降下花季第一場雪。

每個生命都曾經湧動
如山泉汩汩，流出地表
如蜜汁樹液，恩膏滿身
在空曠荒野會有羊群點點，任由命運如梗蒂連結
過去、現在、未來，都在這裡停留
如此盛開，如此凋零。

每個生命都曾經繁華
曾經琉璃剔透出不易破損的燈火

照亮那些蛾蝶棲息
花開花落，轉瞬成空
再多顛沛，也能擱淺
在腥美港灣，召喚出一座海洋。

（冇骨消／鳥松溼地）

純潔

什麼讓生死變得純潔？
是慈悲，還是感恩。
不論多麼黑暗的夜裡，都有一株野薑花在水畔田澤，釋放幽香。
我便能夠想起你，彎腰親吻的背影。
想起寂靜闃黑裡那盞不滅的燈，還在守候。
「那人不會回頭了。」你說。
你手中還握著一把夜裡的野薑花，無人可給，只有月光把一切照亮。
你把那些花扛在肩上，像扛著未解的重擔，一路走回家。
路人看到了，向你索討，你一路分送，無人見你流淚。
很多年過去，野薑花一年開得比一年好，但你已經不在了。

有時我想帶束野薑花上墳。
想著它們在月光下低頭不語，想著那些抽長的嫩莖，便隱隱作痛。
一切都難以理解。
我想你還是會將臉埋進野薑花，深深吸氣，滿足地閉起眼。
像隻眷戀的蝴蝶，原諒花開時無悔的深情。

（野薑花／洲仔溼地）

（月桃／鳥松溼地）

蒴果

翠綠的月桃蒴果，一顆顆沿著下垂枝梗排列，像串鈴鐺。每顆蒴果外觀，帶著核果質感，簡單有規律的縱向紋路，予人厚實堅韌之感，完全無法想像其前身是柔軟的月桃花，進入秋天後，鮮綠外皮會逐漸紅熟硬化，果皮沿著縱稜裂開，看到種子與假種皮。

從藥理上看，月桃幾乎全株可用。長在溼地上的月桃，除了觀賞，還可招蜂引蝶。

吃慣竹葉南部粽的我，曾經吃過月桃葉包裹的粽子，香氣過於濃郁，完全搶去米食之香。吃完一顆月桃素粽，感覺像吃完整株植物，猶如置身迷霧繚繞山谷裡，有種暈眩與迷魅感。

從此，便不再輕易嘗試月桃粽。免得迷失難辨，怎麼也走不出那片氣味構築的叢林。

但我仍是好奇，那一顆顆蒴果裡，是否藏著更多更複雜氣味，無以名之，難以指陳。也許它們準備在秋天來臨時，一顆顆打開，釋放過度沉重又無法言詮的生命氣息。

過客

是過客還是歸人？

紫斑蝶族群的遷徙是臺灣地理的生物標記。

在熱帶與亞熱帶間，在北部冬季寒流與南方避風山谷間，有五十萬紫斑蝶來來去去，在島嶼集體遷徙，飛出蝶道。

夏季南方，紫斑蝶悠哉獨行，我想牠不是那慣於集體行動的一分子。

或許，牠是這南方溼地裡長成的蝶，慣於溫暖潮溼的風土人情。

或許，牠會伺機而動，在冬季寒流前，飛往更隱蔽的山谷。

然而，我想牠是孤寂且安靜的。

易於吸熱的華服，不耐盛夏豔陽烘烤，只能獨自尋找陰涼樹蔭，在枝椏處小憩。

日光，並不那麼討喜。

來自陽光狂野的南國，便知曉林蔭可貴。

牠在那枝幹上，能夠聞到什麼？

聞到南國故土，還是異地幽香？

或許，牠不是過客也不是歸人，或許牠從未離開過。

整座島嶼都是無法遺忘的歸處，永恆的住所。

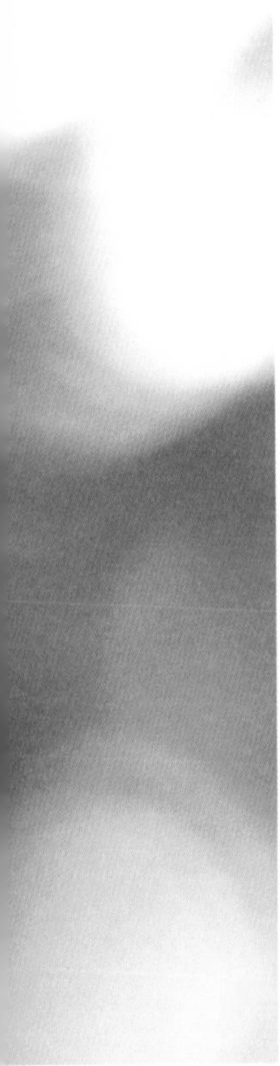

（小紫斑蝶／鳥松溼地）

捉迷藏

柔軟的懸崖，懸掛童年那隻豆金龜。
牠愛花，愛繽紛床墊與無人知曉的清晨。
望向春風，思考曾被吹散的命運。
生，死，假裝僵硬，倒地不起，還是振翅而飛。
每種抉擇都是妥協。每種抉擇都不會是抉擇。
只能把臉埋進花葉裡。

如果最初生來便是花，那麼就不需停留，也無謂離開。
如果生來就是誘惑，就是被窺探的祕密。
那怕斜日微雨，那怕薄翅烱光，都將留下遲暮嘆息。
但終究不是那一枚枚春日印記。
只能面朝綠葉。聞盡眼前，天暖花開。

花叢裡永不會結束的捉迷藏，還在繼續。
一、二、三，木頭人，還在等待咒語。
那把花瓣當傘的你，是不是該當鬼了？
只剩沒有藏好的金屬光澤。

深深刺痛那些還沒藏好的回憶。

（臺灣豆金龜／鳥松溼地）

（三葉[illegible]／鳥松溼地）

穿越花朵

繁衍的容器已經盈滿。
幸福油膏抹塗全身。
像神預備的恩典。

在寧靜交媾之前，有些細微正在沾黏。
勾魂氣味，無人能形容。
它們淹沒在豔紫與鮮黃的對比中。
像句正在旅行的箴言。
隱隱戳入生活，但缺少使用說明。

一絲絲性的想像，都藏在一片片黃色裡。
情色，如此不精確，如此倨傲地拒絕被理解。
無人敢解構它活躍的基因，是否帶著致命疾病。
或許有蜂循著微甜芬芳，攀爬蕊心，帶走果實。

或許，人們只想聞聞希望。
猜測它酸酸甜甜，像初戀情人交纏的肌膚。

容易絕望的夜裡，或許會有更多種子正在孵育。
正在被雨打溼，正在沉重下墜。
正在無聲跌落並腐爛著。

（黃槿／中都溼地）

（琉球青斑蝶／鳥松溼地）

生活

在綠色迷霧裡，要活得不像精靈。
要去尋找一副收斂的翅膀。
兩根彎曲的觸鬚，細長的腳。
可以停泊的花。
或許有蜜，或許沒有。
但要有直紋斑眼睛，要有顏色。
要有許多發亮服裝，縫滿光澤。
要有偽裝的打算，不要露出蟲的面目。
不要嚇走那些只知道工作的蜂。
不要害怕碰觸樹與髮。
要有耐心等待風，或者晨光。
等待結凍露水散去。
聞出花暖草腥。
翩然接收彼岸，破損的陰影。

對決

我只是慕名而來。欣賞夏日盛事。

弧邊招潮蟹的提琴手，逐漸舉高。牠們打算用那隻獨特的螯來決鬥嗎？

所有人都在觀看。正午灘地上，對決就要開始。

潮汐已從洞穴退去，只剩海的氣味在歌唱，鋪陳賽事序曲。

競技場上泥濘土稠，牠們被推上前去，死命盯住前方，享受場邊人群鼓譟，納悶對手姿態。

「競技場上，我們將用舞蹈決勝。」戰士細語。

所以，牠們裹上泥巴，橫著步伐，用大螯敬禮，在頭頂揮舞提琴，彷彿在拉振奮人心的進行曲。

牠們經過彼此，用兇狠眼神決鬥，閃過窪洞與紛擾小蟹，往返紅樹林與海之間。

沒有舞蹈，沒有碰撞，沒有恐嚇，四處橫行，躲避彼此，忍受人類的噓聲與失望。

「所以什麼事都沒發生。」

「所以什麼事都發生了。」

競技場上，就是這麼回事。

所謂虛張聲勢，就是這麼回事。

（援中港溼地）

怪物

帶狗散步的風險是，永遠不知道會面對什麼樣的屍體，或者，活物。

對所有獵犬而言，外出就要打獵。但我是不帶槍的獵人，手上沒有捕蝶網，只用感官和相機捕捉世界，對獵犬而言，我是無用獵人，走這麼久的路，經常空手而返，拿不出像樣成績。

為憐憫我，牠經常會讓我分享牠的成果，多數是老鼠，死的活的都有。

第二順位是鳥，好比公園常見的麻雀、鴿子、燕子等，雖然牠到手的多數已經死了，不然便身負重傷。（只有這樣牠才能「拾獲」。）

做為一名主人，我見牠叼過一團綠色、堅硬的物體，用一種我從沒見過的笑容，志得意滿的表情，從我面前大搖大擺走過，那時竟傻傻以為牠啣了土芒果，準備躲到角落大快朵頤，氣定神閒走到牠身邊，要牠交出嘴裡寶物時，才赫然發現那是身體僵硬的綠繡眼。

牠非常驕傲地等著我尖叫。

不知是否因主人不知世道險惡，遂給牠橫衝直撞、四處盜獵的勇氣。

那天我拿著相機，準備拍點含羞草，牠興沖沖尾隨在後，一路嗅聞、思索，認真研究空氣裡各種氣味，牠是條老狗，動作比起年少時遲緩許多，但相對的，也能穩重判定氣味流向。

當我觀察含羞草淡紫色小花時，牠理當沒興趣，卻在我腳邊來回走幾次，讓人覺得

（多線南蜥／內惟埤溼地）

事有蹊蹺，若非有其他生物在場，牠絕不可能再三徘徊，往草叢底下看去，陰影下，似乎有對晶亮小眼睛朝外望，除了頭，我看不到其他部分，也無法辨識牠是蛇還是蜥蜴，或是野地裡其他機靈的小怪物。

內心一怔，我趕緊把狗抱住，若非如此，一但被獵犬鎖定，恐會上演一場拚搏戰，迷你臘腸會利用天生的「功能性」體型，鑽進草叢裡揪出獵物來，但我更擔心，獵犬的驕傲會招惹毒蛇義無反顧回擊。

老狗視覺和嗅覺已退化，似乎不明白發生什麼事，快速帶牠走出草地，來到公園碎石路上，牠轉頭又朝路的另一邊忙碌嗅聞。

回頭看那蹲在陰暗處的眼睛，黑亮勾人，緊閉的嘴抿成一條微彎曲線，有點俏皮，不像氣質帶點陰暗、謹慎的蛇類，我沒見牠張嘴吐舌，試探四周，忍不住在遠處按了快門，感覺牠是非常好的模特兒，氣定神閒，正等我離開。

不過，說時遲那時快，小獵犬見我蹲在竹林旁的草叢邊，明白內藏玄機，火速朝怪物奔來，我趕緊將手一伸，背一擋，轉身抱起牠，快快奔出。

一直到最後，都沒見到怪物真面目。

耿耿於懷地還有狗。

每當散步經過，牠仍不放棄到草叢邊撒泡尿，給那無緣相識的獵物，來個遲到的下馬威。

暮色旅行

毛絨球鑽進鼻腔，她噴嚏連連。

新春郊野，蒲公英昭和草紫背花，瘋魔般生產毛絨狀球體，寄望風能帶走棉絮，抵達遠方，繁衍生息。

沒被帶走的球體，好比大花咸豐草、鬼針草，匯成綠色銀河系，乾枯成刺人鬼針，在廢地昂然，黏在衣物毛髮上，跟著路人野犬去旅行。

尾隨的狗緊緊黏著她，像跟蹤狂，這條路荒野僻靜，在河海交界上，可看溼地鷺鷥、夜鷺、高蹺鴴、反嘴鴴佇立覓食，她帶望遠鏡，往海的方向走，從防波堤上，望見溼地水鳥成群。

老狗跟得緊，咖啡短毛臘腸長得矮，高齡逾十歲，老態龍鍾的臉與身體，冒出白毛，細細點點漸成片狀，嘴邊已白透，遮不住，但她不知道這是什麼時候的事，像一覺醒來就成了白鬢老者，沒有預告或徵兆。

肉體日漸崩壞老朽，肚腹下垂，留下時間催化的荒涼。

在金黃餘暉中，雜草枯葦風中搖曳。

燦爛時光總會在垂暮之際緩緩降臨。

（援中港溼地）

毛絨小宇宙

這樣冷的天氣，牠也要跟，她還在整裝，狗已跳上機車等候。南部午後冬陽豔亮，惟海風陣陣吹來，仍有寒意，給狗穿上風衣，站在防波堤整建的單車道上，濱海野地小毛球隨風搖晃，還沒跟上流浪者的腳步。

她不時拿起望遠鏡，看著蒼鷺、白鷺鷥從溼地飛起，降落樹冠，身上背著相機和腳架，還沒決定上哪取景。狗比她更忙，這裡聞聞，那裡嗅嗅，頗有尋鼠的自信，溼地野犬兩、三隻，奔入泥地裡，逐鳥嬉戲，唯有小徑曬乾的糞便透露陸地行蹤。牠忍不住聞起路旁野花，這裡沒電桿，野花荒草成目標，尿糞氣味誘人，牠只想釐清這是誰的地盤。

「快點呀！快一點！」她不耐催促著，牠卻無動於衷。急於獵取鳥影的她又轉頭往前，深知狗總會跟上。

沒走幾步，老犬站在原地動也不動，像玩木頭人。

「哈啾，哈啾，哈啾……」狗抗議似地打起噴嚏，聲聲驚人，她回頭等著，盼著狗打完噴嚏自己跟上。

老犬像做虧心事，打完三個噴嚏急忙舔鼻，她心裡有數，大感不妙，狗的噴嚏沒停，約莫十來個，等她衝到身旁，地上已有血跡。她隨手往鼻頭欲抹，狗又趕緊扭頭來回舔了多下，別人是偷吃抹嘴，牠是憂心偷打噴嚏又得看醫，演化出欲蓋彌彰樣。

她蹲在狗面前，扳起牠的頭，來回看了鼻腔，老狗從未如此，想必嗅吸到過敏原，卻沒見到什麼異物。

倒是路旁冒出一地昭和草、美洲假蓬、野茼蒿，小花朵朵欲垂頭，只要再仔細一瞧，就能看到毛絨小球自成星系宇宙，隨時發射白毛子彈。

她疑心是花粉作祟，但春天還沒來，老狗已招架不住野地激情，她拔去狗衣上沾染的咸豐草、鬼針，心裡發愁，未來日子該如何是好。

「下次妳別跟了！」她一再重複著。深知這是不可能的事，卻也在狗面前說的煞有其事。

（美洲假蓬／內惟埤溼地）

香氣盈滿時

有首臺語老歌《苦楝若開花》這樣唱：「苦楝若開花，就會出雙葉，苦楝若開花，就會出香味，紫色的花蕊，隨風搖隨雨落……」一度因花開茂密有如櫻花，而在日治時期廣為栽種的苦楝，隨著生態失衡而逐漸在南臺灣消失。

三月，苦楝花開時，香氣瀰漫，苦楝在臺灣的歷史，可從原住民對苦楝的喜愛看出，在卑南族人眼中，苦楝香氣能祈求一年好運，稱苦楝是「具有香氣的樹」；而排灣族與阿美族則以苦楝花開，證明春之降臨。

苦楝花香驚人，每每一走至樹下，鼻子再遲鈍的人類，也能被苦楝濃香縈繞，意識到春天竟悄悄來臨，且氣勢驚人，香氣的重量充滿樹下每個空間，嚴實緊密，將人包覆得喘不過氣來。

在繁花盛開時節，苦楝繁密細花，將整株樹撲上淡紫粉影，花雖多，但細小，談不上花容盛大如櫻，但懾人香氣，沒有站到苦楝開花的樹下，不會明白，香氣原可如此沉重，如此勾人心神。

（苦楝／鳥松溼地）

品氣味

活在臺灣，不知幸或不幸，趕上談美食品美酒的時代。

如果有麥克風遞到食客嘴邊，要求談談筷子底下的食物，簡述舌尖快感，不出意料，觀眾多能聽到扼要意見，也許不精闢，但絕對真誠。臺灣美食教育，雖非世界第一，但美食素養絕對不容小覷。不管喜好或厭惡，人人都自信滿滿，言之成理。

相較口腹之欲，鼻腔面臨的待遇，顯然像個小媳婦。

城裡的人，以得過且過的態度，面對每分每秒吸入的氣體。

鋪天蓋地的汽機車廢氣、工業區工廠空汙、經常蒙上落塵薄霧的灰濛天地，人們最多也就是戴上口罩，

（在溼地清淤泥的志工／洲仔溼地）

（洲仔溼地）

掩鼻經過，衝回家中關緊門窗打開空氣清淨機，像是餓腸轆轆的食客，粗茶淡飯已是幸福，凡能入口者皆曰美食。

人們汙染空氣的能耐，恰恰接近容忍的限度，否則也無以解釋淨化空氣的努力何以如此緩慢。

只是，身在地球毒氣室的其他生物們，多數無法選擇。

牠們必須以另一種方式，運作自然界的「空氣清淨機」。

好比遠離城市，用湖泊、溼地取代柏油路、建築，用綠樹築牆、用花叢擋臭，用開闊清爽的空間稀釋含汙夾毒的塵埃。

在乾淨與汙穢間，存在極多可能性。大自然必須依靠自己的力量去療癒千瘡百孔的氣味，儘管病入膏肓的它並不知道病毒從何而來。

這也是，我喜歡在城市溼地裡，細細品味空氣的緣故。

雖然沒有深山飛瀑裡溼潤清新的芬多精，雖然氤氳水面讓人摸不清毒素比例，雖然人類嗅覺如此遲鈍低能，但我還是可以坐下來，聞著沒有高潮，但雋永深刻的淡淡青草味。

甦醒

微雨春日，空氣的組成分子，異常戲劇化。所有氣味瞬間甦醒。

水是催化劑，引誘土裡微生物，微腥氣息像地底有間化工廠，正源源不絕合成揮發劑。溼地吃喝拉撒睡的生物們，在空中散播生活氣味，屎糞擾亂原有平衡。

還有更多以荷爾蒙張開肉體，吸引異性飛撲而來。即使是稀有的費洛蒙，也能讓雄蛾瘋狂。

蜜蜂醒來，朝蓮花飛去，彷彿空氣的香甜花粉味，自有條隱密路徑。

有些動物以氣味分辨遠近親疏，避免近親繁殖。

在草地上打滾的狗，毛上沾染糞便，像心機頗重的狼。

搜尋食物的鴨鵝水鳥，攪動一池綠水，啄入魚蟲，難免吐出腥氣。

（洲仔溼地）

氣味，因食色，因繁衍，而有種種複雜的組成與融合，看似獨立卻混成一氣，我分辨不出這是生命的腥臭還是清新，氣味隨著春日花香，全被吸納，通過鼻腔與氣管，抵達肺泡深處。

只有肺，以肉身相迎相合，與之交纏搏鬥，對之發出讚嘆或反抗。

只有肺，知曉汙穢與潔淨，看得見氣味背後隱藏的故事。

（洲仔溼地）

卷五

思

（鳥松溼地）

豢養一座城市的夢

在糾結綠意裡，我進入城市的夢。
潮溼。微涼。香氣沉寂。
圍繞步道的湖，蒸發寧靜，催眠愛意。
有一些事件正在發生。好比生老病死，四季輪迴。
有一些事件正在消逝。好比天空與大地的界線。
好比，城市潛意識，正在跳動迷離畫面。
把綠變得更綠，黑變得更黑，過曝的白便散成霧。
輕易掉落在夢境外。
一些蟬會撕裂時間，把枝幹磨出毛邊，
一些芽會傾訴慾望，把生命往上滋長，
而那些，並不是我想要的祕密。
我只是想豢養湖與樹，還有團團飄零的花與蝶，
也許，添上果實，等待啄食種子的鳥，朝夢飛去。
風來不及隱藏，顫動來不及停止，我也想要輕輕搖晃。
最好還有清脆春鳴，瘋狂夏颱與閃亮秋色，
過於繁華的國度，就此浸入熱帶湖底，把夢染上斑駁的光。

少即是多

我不太明白那些花瓣造型。

就像我不明白豬籠草的捕食器。造型古怪，機能導向。

造型，是大自然最擅長的把戲。

多數造型很現代，兼具機能與美感，結構簡潔理性且功能齊全。

但也有些線條很後現代，好似想和觀眾互動出歧義文本。

把自身變為劇場，把劇場建築變為演出。

連昆蟲都會看呆的草海桐花瓣，只有半朵，花瓣成扇狀散開，而非繞成完美的圓。

為什麼不好好長成一朵有古典美的彩花？

但什麼是美？什麼又是正常？

花瓣上如軟針狀的絨毛，是止滑毯，能增加昆蟲摩擦力，而向前伸出的雌蕊柱頭細毛，能刷下昆蟲背上花粉，授粉設計宛如工廠生產線，讓繁殖成功率激增。

古怪的半朵花造型，經過解說後，似乎也不那麼古怪。

少即是多。

半朵就是圓滿。

這種洋溢理性思維且理論取向的設計，只有天才能想到。

（草海桐／鳥松溼地）

（樺斑蝶／鳥松溼地）

綻放

學會像花綻放，難不難？

在溼地賞蝶，多數時候，蝶鬧蜂喧，如置身在音符不停跳動的樂章裡，順著蝴蝶軌跡，便能見花團錦簇。

樺斑蝶停在綠葉上，鮮豔菊黃翅膀，像朵盛開的花。

花開花合，花落花飛，由西到東，從南到北，不過一瞬之間。

當然，也有破損翅膀。

那些灰敗的肢體，是殘花枯葉掉落在綠莖中。

比起舞臺前的豔麗美好，我更愛追索殘破樂章。

諸多低調的隱密，諸多破落的想像，都像滄海桑田。

欲碎薄翅，仍在優雅飛翔，只因深深記得曾經綻放的美好。

偽裝

一位小男孩突然衝到池邊，端詳面前的綠頭鴨，小孩視力比我好太多，一眼知道是活生生動物，不似我這都市人有著反射性遲疑，他朝後喊：「爸爸，快過來拍照。」語氣充滿自信與興奮，好似這是養在後院的寵物。

他父親趕過來，掏出手機拍了牠。

男孩試圖靠近一點，但走得再近，終究只能在岸邊，沒站到池塘石頭上，父子倆近距離觀察，鴨子沒有飛走的打算，但神情警戒，男孩父親有點不忍，對小孩說：「好了，我們出去吃飯吧。」拉著小男孩離開。

綠頭鴨沒有鬆懈，牠卿著得來不易的大餐，安靜直挺如座雕像，繼續做出最完美偽裝。

如牠所料，奔向池塘邊的孩子，不會只有一個。

他們敏銳眼尖，使牠應接不暇，孩子瞪著雙眼，緊緊盯看，只為確認牠是活物，不是假的。

連綠頭鴨都不能否認，不論在都市或鄉村，自然界的生物多是玩「一二三，木頭人」長大的。

偽裝，是本能反應。

成功偽裝，或許是生物長期演化成果。

牠看著眼前人類，異常懂得人心難測。

在牠的世界裡，信任是奢侈的。
而人類值得信任嗎？我彷彿見牠正搖頭嘆息。

動物公寓

空心磚、枯木、瓦片、對剖的竹與廢棄夾層板，蓋出動物公寓。在磚與磚縫隙處，在木片與竹片堆疊處，將有狹小空間可供藏匿，或許有蛇，有蜥蜴，有頑皮青蛙。

有些公寓，是成堆成排的枯木，它們先是成為蕈菇的家，再成為蛇的階梯，成為蜘蛛與昆蟲的操場，或許有種子掉落，但它們還沒發芽便被鳥吃下。

有些公寓，造型講究，帶著後現代主義的拼湊風格，所有的現成物，融合人為與自然物品，在圓木板分層羅列的公寓上，潛藏捉迷藏空間，在圓椎體上還有典雅斜屋頂，遮蓋過於炙熱的陽光。

動物公寓像軍事碉堡，更像海底礁岩，孔隙大小不一，足以容納形形色色房客，發展高潮迭起的明星動物生死鬥。

而最迷人的，往往躲在最深處，值得人們用時間守候，剎那的驚喜。

（鳥松溼地）

野溼地

蜂採蜜，蝶亂舞，蚊蠅搓腳，野絮低飛。
熱帶南臺，染草莽之氣，湧雜亂之根。
坐在草地上，翻找帽子、望遠鏡與相機。生態郊遊，該有備而來，防曬、偽裝、器材，無一不缺。
冬日蝶少花稀，候鳥南飛，天清地朗。
望遠鏡那端，水上小島，夜鷺紅眼俯瞰倒影，鷺鷥點點暫棲樹冠，視線往上移動，高聳椰子樹上，幾隻鷺鷥排排站，登高望遠好不悠哉。
轉身看看水生池，開滿臺灣萍蓬草與印度莕菜，標記溼地復育工作的心血結晶。
一度因建設開發，且被農藥、廢水汙染而折磨至面目全非的埤塘裡，將水域原有的臺灣特有種逼至絕境。一度瀕危的黃色萍蓬草，只能靠復育保全，即便是生命力強大、適應能力極佳的品種，在人類踐踏下，也可脆弱至一夕幾無，險至滅絕地步。
小小萍蓬草，像蠟燭般，在水面上開出黃色小花。
不知情的人，還以為這是臺灣野溼地裡不變的風景。

（臺灣萍蓬草／洲仔溼地）

冤家

一對情侶手牽手朝她們走來，兩人撐著一把陽傘，無語走過。高大男子朝她們看了一眼，眼神好奇羞怯，像哺乳類寶寶。

停在榕樹梢的白頭翁倒是大膽，獨自飛到草地上，蹦蹦跳跳尋著黃色鳥食，她記得之前曾引來喜鵲、大卷尾，這年頭，鳥也嬌生，喜歡賴人。

坐在她旁邊的長髮女孩，戴著口罩墨鏡大草帽，把討厭的紫外線擋在肌膚外，「冬天還這麼熱，真討厭，一堆蚊子，有沒有登革熱啊？」女孩說。

「妳看，那裡有隻白鷺鷥在吃魚！」她開心說著，手指著遠處湖邊。

女孩順著方向看了看，沒看到，她把望遠鏡遞過去，「就在那裡，看到沒有。」

「沒有。哪有鷺鷥。」女孩找了半天，仍沒看見，只見紅冠水雞從水面跳起。

她默默把望遠鏡收了回來，專心盯著鷺鷥吃大餐、心滿意足地整理羽毛。

「什麼地方不去，偏偏來這裡，這種荒郊野外，什麼也沒有，就只有蚊子毛毛蟲，連蝴蝶也沒幾隻，水也好髒，池裡好多雜草，妳看妳看，那邊還有人燒草，冒一堆白煙臭死了。」女孩嘮叨唸著。

她決意離開，走到湖畔繼續觀察。

夜鷺驚起，飛離枝幹，沿湖畔繞一圈，停到水塘中央木桿上。白鷺鷥不遑多讓，飛到夜鷺原來棲息的位置，對著底下湖水，低頭彎腰細看一回，好似占據夜鷺原有領地。

兩隻鳥，擡槓鬥嘴，誰也不讓誰。就像她們這對冤家一樣。

（夜鷺／洲仔溼地）

現實一種

那隻黑狗很老了。

嘴巴兩側滿是白毛，行動緩慢，眼神迷濛，經常站起來看人，等著主人來領牠，但無人在身邊停留。不論是推著輪椅的外傭和椅上老人、推著嬰兒車的母親、玩球的孩子、疾走的行人，都沒人願意停下來，拍拍牠。

黑狗身上穿著人類夏季短T，脖上掛項圈，身上髒亂，不知那難以抵禦冬日寒風的裝扮，是什麼人幫牠穿的，但他肯定不想成為主人。

我站在那裡，拍張照，牠明白我不是主人，沒有靠過來，反而趴到地上，持續張望，像患失智症的街頭老人。

一位上年紀的女士，頂著花白長髮，走到我身邊，用熱情語氣說：「這隻流浪狗好可憐，看起來就好老，好老……」我笑了笑，不知該對這種搭訕，說些什麼，這樣的人，通常不會帶狗回家，但意圖或許是明顯的。

「好像有專門養流浪狗的組織。」她繼續唸著：「我以前看過報紙有登，那些人很有愛心，但我沒有抄下電話。應該要通知他們才對。這狗看起來好可憐。」

「妳可以上網查。」我說。

「我不會上網。」女士說。

不知道為什麼，我就是知道她不會上網。難道是因為她熱心的語氣？現在上網的人，很少會用這種語氣對陌生人說話。但我明知她不上網，為何要這樣說呢？

女士又再度重複著，「我知道有人專門養流浪狗的，一定會收留這條狗，牠看起來好乖，只是，好老。」她又看著狗，一對情侶走過去，側過臉看著狗，但仍然也只是經過，不願停留。

我點點頭，只能附和著，知道總有狗場可以收容牠。

不知為什麼，我猜流浪狗，有人在夜裡餵著，牠癡情守候，應該是等那餵養的人，但為什麼，對於白天裡來來去去的行人，仍存一絲希望，時而在廣場站起，時而在廣場趴下，但始終沒有離開，若有人招手，恐怕牠也會小跑步湊過來，盡力展現牠也曾是寵物的黏人能耐。但沒有人招手，甚至迴避著與牠對望。

女士最後撐傘走開。

她沒有要我上網查電話，也沒有發表對這座城市的看法，或是對於流浪狗應該餵養、撲殺或結紮等正反意見，我看得出她不養寵物，保持單身，或許還得照顧老父母，或許也吃素，對流浪狗議題不太關心，在這樣一個午後，她經過了牠，忍不住多看了幾眼，忍不住想對陌生人傾吐，談談枯燥日子裡興起的一點溫情。這一切，或許是因為寂寞的緣故。

又或者，像大多數臺灣人，她滿懷善意，卻懼於行動，或許也曾動念帶牠走，卻知道這並非現實生活的選項。

她只是從一隻流浪老狗身上，預感無人可依的哀愁。

（琉球青斑蝶／洲仔溼地）

捕蝶人

男孩拿著捕蝶網，收集春天蝴蝶。

迷上蝴蝶是這幾年的事，若有人問他是否在採集標本，他總笑著搖頭，只說純粹是欣賞。對於蝴蝶翅膀，他有異於常人的迷戀，若說是被蝴蝶翅膀的光影色澤所誘拐，也頗貼切。

蝴蝶飛過，他停下，仔細搜尋。有些蝴蝶似京都藝妓，華美大器，翅膀上的花斑由鱗片組成，鱗片經光散射，有著光子晶體性質，展現閃耀亮眼的色澤。

他從網內抓出蝴蝶，放在手上觀察，像鑑賞藝術品，淡粉藍、琉璃藍、天空藍，還是該說是藍綠色，他不確定，該如何向人描述一隻蝴蝶的顏色，該如何向人解釋蝴蝶飛舞的軌跡，該如何為蝴蝶的蛻變，尋找科學理由。

彷彿是恆久謎題，困擾著他的童年。

他想，他的人生，因為蝴蝶，從此有難以言說的祕密。

餵養小鴨的午後

在內惟埤畔，各種不同組合的人物，拿著不同食物，引誘鴨鵝。

難得週休，本是親子時間，沒有孩子甘願待在家，沒上班的父母和小孩全趁豔陽天出門蹓蹓，觸目所見，皆以家為單位，出沒街頭，指點商家消費邏輯：四人一組、以小誘大，抓住小孩的胃就能抓住父母的心。

平常時候，湖畔上演的關係較為莫測，以大人小孩組來看，撇去明顯看出年齡差距的爺孫檔，再撇去如姑姑、阿姨之長輩，餘下的還有安親班系統、外勞托嬰、在家保母等，他們趕赴水畔較無目的性。至少，不似假日全家出動，必備土司、魚飼料、雞鴨飼料等，盛裝出席，把餵養動物看成遊樂大事。

餵養是馴服第一步，或許也是最重要一步。

在人類嘗試馴養的動植物中，那些變為家禽的雞鴨鵝等，或許簡單明瞭呈現運作規則：接受人類餵養，並被人宰殺以餵養人類。

生死輪迴，皆為人起。

從現實角度看，鴨鵝並未享有貓狗寵物特權，儘管牠們大可成為寵物，卻依舊被大量宰殺食用。宗教文化難免有飲食禁忌，如伊斯蘭教不食豬、印度不食牛，但對吃雞、鴨、鵝卻毫無禁忌，難道是因牠們「靈性」較低嗎？或比較「乾淨」？故繁殖場大量繁殖，像機器生產食物，定時灌藥灌食，標準SOP，生命是商品，是為了人類的慾望而存在。

這套邏輯顯然過於真實，帶著殘酷，非常不適宜說給在溼地的鴨、鵝、人聽。至少，在父母示範餵食小鴨、白鵝的當下，是以溫情姿態，示範人類「善待」家禽，願與鴨鵝同好，展現慈悲大能。

毫無疑問，鴨鵝們以熱情追逐食物當下，並沒有想到死亡。牠們小小的腦袋瓜裡，裝滿著對食物的挑剔與無窮的喜愛。

像人一樣。

某些善感的孩子，他們隸屬特定品種，在經歷長久餵養鴨鵝的活動裡，付出感情與真心，幫每隻小鴨取好名字，這也是當他們一旦面對變成供品的全鴨全雞時，會宣布她（他）決定吃素，以免誤食了她（他）的小鴨。

社會與文化對該種反應各有不同，端視他們對人的想法，而非對生物的看法。但在吃與被吃的天擇裡，自然邏輯極為單調。若見到豢養心愛鴨鵝的小女孩，為營救難民，而親手殺死朝夕相伴的鴨鵝，如此殺戮趨近犧牲，人性面對神性，一如聖經裡殺子獻祭的亞伯拉罕，便有衝突與考驗，是藝術與宗教恆常喜愛的主題。

以神之名，人類遂在自然裡操縱自然，反自然，並給予「人定勝天」之冠冕。餵養是人在自然求生的手段，馴服他者，掌握權力。在自然裡，吃盡一切生物，卻又禁止其他生物食用的軀體，想一想，也就只有人類。

在滿是人類繁衍、宰制的地球，如此定律怎會生態平衡？

若死去的肉體能被生物享用，該是最美好的天葬。

（內惟埤溼地）

餘生

有一則人和鳥的故事。

主角是老兵歐陽，沒滿十八歲就入伍，那時對日抗戰結束，卻遇國共內亂，兵荒馬亂時，他跟隨國民黨軍隊來到臺灣，就像同袍一樣，等到有錢有能力返鄉時，父母都早過世而只剩覬覦財產的姪兒姪孫，他遂打定主意不回去。

他迷上賞鳥。把所有錢孤注一擲在賞鳥、拍鳥的設備上。

住家附近的白頭翁每天在窗臺報到，高亮嗓音不怎麼美妙，但的確引他注目，那時眷村周遭有水塘、稻田，農民不是種菱角就是水稻，吸引鳥群聚集，他買望遠鏡四處張望，但因為軍人身分敏感，隨即遭人檢舉沒收，加上沒有能力買相機底片，只好用肉眼搜尋群鳥蹤跡。

為了補償過去，退休後，他天天到溼地公園報到，買望遠鏡頭和數位相機、電腦，加入業餘生態攝影師拍攝行列，用相機打獵，愈是珍稀保育鳥愈能讓照片值錢，在攝影界中想靠打鳥名利雙收者，愈能不擇手段尋找鳥蹤。

歐陽倒不這麼想。他買飼料定點餵養，一旁架起相機，鳥群在樹叢間與野地上來來去去，他也在樹上裝設幾間鳥屋，在枯木上挖幾個洞，吸引五色鳥、小啄木來報到，大卷尾、樹鵲、喜鵲、珠頸斑鳩、紅鳩等常來搶食，他還拍了黑枕藍鶲與池畔翠鳥，偶爾會有鳳頭蒼鷹在樹梢打量他。

定點餵養，除吸引野鳥，也有慕名而來的攝影師。為捕捉各種野鳥活潑的姿態，他們將野地變舞臺，餵食成為尋求鳥兒表演的手段，除了飼料，他們還帶來各種道具，企圖控制鳥的動向與姿態。

「有沒有良心啊！控制鳥來覓食，根本就不是生態攝影！」

「又不是導演，還設計畫面，丟石頭驚嚇這群鳥，簡直就是虐待！」

「把鳥引到家門口按快門，完全不尊重大自然，不配當生態攝影師！」

「難道他要餵這群鳥一輩子嗎？沒人飼養，鳥根本沒辦法自立更生。什麼愛鳥人士？根本就是滿足自己獵取影像的私慾。」

各種攻擊、不滿、譴責的眼光，讓歐陽放棄在原地餵養。

他不擺放高倍望遠相機，只是遠遠望著在原地守候的攝影機，自己走到更隱密的樹叢裡，悄悄展開新據點的生態紀錄，這次，他不打算告訴其他人。

「我已經扛不動攝影機了，沒辦法跟著鳥走，只好讓鳥來跟蹤我。」有時碰到以前鳥友，他仍會委屈辯解幾句。

的確有鳥跟著他。樹洞裡的五色鳥家族，在無漿果可吃時，會直接啄食他手中食物，牠們隨著他遷移，發出「嘓嘓嘓」的渾厚聲，像吵鬧孩子，讓他恍若是森林之王，是子孫成群之人。

拍得最好的五色鳥特集，陪著他度過春夏秋冬，直到兩腳一伸。

膝下無兒無女，孤家寡人過了大半輩子的他，臨終前仍心有牽掛，不甘閉眼斷氣，直到五色鳥從樹洞中探頭，對著他發出嘓嘓嘓聲音，終讓他對人生有了釋懷。

（五色鳥／鳥松溼地）

懸念

「這輩子沒遺憾了！」聽見老人這麼說時，我不免心頭一驚。花五十萬買攝影器材，自此上山下海拍鳥的他，站在溼地前，看著約莫百公尺外的黑面琵鷺。

冬末初春，牠們急忙補充北返能量，黑色琵嘴在水面下翻攪撈魚，成群快步移動，速度極快，水面波光粼粼，光影流動轉換，溼地有如晃動小船，輕輕搖晃海上作業的黑琵船員。

黑面琵鷺近在咫尺，張翅飛舞，拋魚吞食，姿態大器，大尺寸的黑色琵嘴是神祕武器，讓人極想知道牠們依著什麼技巧在水底下探測食物動向，撈捕技巧很高明，鍛鍊出宛如自動捕魚器的一絲不苟。

所有人焦點全在明星鳥上，常見的鷸科鳥種，高蹺鴴、反嘴鷸和鷺鷥家族，全被冷落在旁。

「現在大家都看不上小鷺鷥了！」老人看著三公尺外的鷺鷥，仍不時盯著相機景框內的風景，難掩興奮之情。他白天拍攝黑面琵鷺，晚上睡在休旅車，克難度過幾天，最終，帶著精采作品，心滿意足回臺北。

他知道，鄰近情人碼頭、興達港、遊艇園區的溼地，或許將有道路穿越，棲地一分為二，明年秋冬，是否還有黑面琵鷺歸來，成為溼地最大懸念。

當候鳥不再歸來，或許才是人、鳥、土地，無能抹去的最大遺憾。

（茄萣溼地）

（茄萣溼地）

（紅冠水雞／烏松溼地）

親子關係

曾在旅途上交會的人，你是否還記得？
在紅冠水雞亞成鳥長大前，總有成鳥照顧牠，引導牠。
原本，這對看似父女的紅冠水雞，相互追逐，為著某種衝動的口角而又飛又跳，水面上，水花四濺，隱約傳來父親斥喝聲，急忙閃避的或許是女兒，最後，互追互趕，來到池畔，分頭覓食。
牠們向彼此游去，相互交會，又彼此遠離，以求填飽肚腹。
兩人，始終在彼此身旁，默契十足。
父親聒噪，愛耳提面命，注意這，注意那，什麼該吃，什麼該丟，一字一句叮嚀、監看，始終迴游在女兒身旁，彷彿永遠停不下來。
還未長大的女兒，唯唯諾諾，心不在焉敷衍著，見蓮葉下方有種子正漂浮，馬上低頭一啄，心滿意足啣在嘴裡，向父親炫耀。
父親沒有說什麼，沒有讚美鼓勵，也沒有叨叨唸唸，而是朝著水面上倒下的刺竹飛去，站穩後，橫越天然竹橋抵達刺竹中心，在陰涼處，安心睡起午覺。
女兒這時才能鬆口氣，轉身緊盯水面蜻蜓，一同在池塘做起午後白日夢。
終歸是父女。

春不老

春，不老。
春天，未曾老過，儘管多愁善感。
一種叫春不老的花，即使花瓣綻開，花蕊還如含苞待放，有種少女嬌羞姿態。
色澤粉嫩，質地如玉。簡直是夢幻版。
春，不老，綻放吐蕊，嫵媚萬千。年年如今日，歲歲有今朝。
還未綻放的花苞，像被供奉在佛前，細碎粉蓮閉合，是春日點點繁密的少女心事。
春不老，四季常春，多子多孫。
密實漿果，又稱萬兩金，春容繁盛，熱鬧飛揚。
時時初綻的花容，把春天播種到夏秋冬，把種子超越四季局限，把自然韻律銘刻在花果內。
沒人能否認，春不老把時間暫停，用常春幻術來迷惑萬物。
粉花嬌開，今夕何夕。
春日，不老。春不老。

（春不老／鳥松溼地）

祕境

一、那裡，也曾荒蕪

我經常想起，小學二年級時，父親帶著三個小孩爬上屋後垃圾山的情景。那時還未有焚化爐，垃圾掩埋在地層，廢棄垃圾場上，堆著一些輪胎、五金回收物，我們常在地上挖些螺絲釘，或者爭相爬上混著塑膠袋碎片的土堆最上方，去看看遠處還有什麼。

那時不懂，為何要來這裡？

但我以為那是一座尋寶之地。在那些堆疊著廢五金、塑膠袋、玻璃瓶碎片、鋁箔紙的小土堆之上，我們與父親一步步往上爬，好似最上面能看見城市的夕陽，但通常我只見到朦朧霧氣與灰色天空。

或許，真有一團紅色火球橙色彩霞正在消逝。

但或許，什麼也沒有，

回憶，定格在垃圾場上的寂寥人影。

那時，我父親在勞動一天後，像蹓狗一樣，帶著小孩到那裡蹓躂，去挖廢五金與綠色玻璃瓶與罐頭拉環，好似去海灘挖貝殼，他沒有帶我們到公園到海邊，某種程度，顯示了他特立獨行、不按牌理出牌的一面，而或許那些地方太遠了，不是傍晚散步就能抵達的樂園。

我們在這樣的「異境」裡，爭相和父親爬上最高處，樂此不疲，天真享受傍晚的親子時光。

究竟，那是什麼地方？

在多間鐵工廠和住商混合區裡，那裡是父親的放風之地。面對勞苦生活與經濟壓力，他毫無怨言，但必須在家之外，找到自己的「房間」，一個不受打擾且能紓壓之地。

如今想想，那樣的玩樂環境，對父親對我們，甚至是對臺灣而言，都是一種必然會出現且充滿存在象徵的場所。

那時，母親仍在家裡踩縫紉機做家庭代工。

那時，大家樂已經悄悄在街頭巷尾風行。

那時，父親的黨外雜誌塞滿鞋櫃而臺灣就快解嚴。

廢五金垃圾場，兒童遊戲場，彷彿是種臺灣隱喻，一路伴隨長大。資本主義的盲目掠奪，把貪婪種在這塊土地上。如今，它愈演愈烈，已是種全球化的流動，愈是弱勢貧窮，便得與之為伍。

廢五金，廢電子零件，核廢料……廢棄物可以填滿幾座海洋？

我不知道那座垃圾場後來是否還能長出草來。因我再沒能找到它。

但我知道那裡即便沒有垃圾場，如今也沒有公園、溼地或充滿碎石的荒地，它不是變成路便是蓋起透天厝。

那樣的臺灣，已經過去了嗎？現在，變更好還是更糟呢？

有幾處人工溼地，是從廢棄的田、汙染的水溪重新營造而來，或許它們都曾經是垃圾場，都曾受創而莫名凋萎，但如今，因著人為控制與自然的療癒力，重獲新生。

那些從土裡冒出的生命，是荒蕪過後的奇蹟。

有鳥來食，有魚隱動，荷葉翩捲，暗香幽微。

我願是那受創地底開出的殘花，曾經卑微不堪，卻不絕望。

（紅冠水雞／鳥松溼地）

二、我願日常如此生猛

臺灣有幾處人工溼地，恰恰是演繹大都會如何操作生態習題之處。有幾個週末，開車沿著濱海公路南下，為了讓狗和人可以同時出門，動動鼻子和眼睛，用五官感受生態，溼地成了旅行首選。有些溼地公園小巧可人，出入自由，繞走一圈便能見識到多樣物種，蜜源植物區可觀蝶，雀榕上常有鳥群啁啾，紅冠水雞和綠頭鴨在岸邊流連，精心挑選的植栽和營造的生態環境，有種日常安居的恬靜美好。

諸多繁花麗景張爪活物，會在最安靜的時刻探出頭來，生猛如叢林裡巡視的虎。

老邁的狗可以慢慢走，聞上一整天。（天知道牠聞到什麼？）有時，牠會小跑步，越過橫倒的木材，尾隨爬行的多線南蜥，充耳不聞樹鵲刺嘎叫聲。偏頭緩走，牠測試鼻子探測器的功能，用大腦辨別氣味，努力思考偽獵物的軌跡。這些嗅覺記憶會不會是牠老來病殘時一一翻撿的過往？只消那好奇與窮追不捨的身手，便讓我傾倒。

有幾年時間，我們哪裡也不能去。

臺灣有山有海，我們竟為路途發愁。

山太高遠累人，海又莫測詭譎，平地沒有森林，公園禁止狗入。

而過分癡情的牠只想和我在一起。

生活裡，講究文明衛生的公共場所無牠立足地。

我漸漸少去人群聚集處，免去諸多干擾、不便、爭論與鄙夷，不再挑戰文明對一隻狗的敵意，也不再擔負被驅趕的風險。

最後尋往荒僻溼地，像揚帆探險的船隊，日子頓時光彩輝煌。

走在木棧道上，叫喚牠，有時牠回頭，有時牠沉醉在獵物行蹤圖裡，堅持要回應血液裡的原始呼求，堅持成為航行一方綠地的小獵犬。

有時牠望向我，用非常溫柔深情的眼神，掛著一抹滿足微笑，可媲美蒙娜麗莎，但毫不矯作。這樣奇異的時刻，暗示獵物氣味已消失，痕跡被風與大地消抹，牠的神情往往還有未消退的愉悅與一絲惆悵。

我喜歡見牠有點迷惘又十分清醒的模樣。

大夢初醒，虛實相間。

人類所能誘引的祕境，大抵可以生成繁華暖綠，讓一隻城市偽獵犬進入夢裡奔跑，讓翩翩蝴蝶以為身處天堂。

在溼地裡偶遇的物種，實則早將腳底下的土地變為家園，那些隨手拍下的瞬間，只是恰巧見證存在的奇異。

快門按下，我成一頭獵犬，鋪陳著那些已被決定的時空、場景與情感。

我心裡明白，在這裡，此時此地，惟有牠們能記憶我、遺忘我。

然而，我該用什麼方式記憶牠們？

躲在影像背後的會是什麼？

透過鏡頭，為世界寫詩，探詢自然界的美麗與困惑，也許是最不可避免的誘惑。

長久以來，人們都在自然裡思考、寫作、吟詩、辯論、研究，在自然裡思考神，探究演化，接受啟蒙，回歸人本，重返生態，順走逆走，繞了一大圈，終歸要回到人與自然共存的原點。

去確認眼耳口鼻意所在的位置，人才能確認自身和宇宙時空的關連，即使在人人盯看智慧手機的現代，感官的需求始終存在，只不過經常被遺忘，被放大到極致且無孔不入的人工視覺、聽覺衝擊，終將其他需求擠壓到最低限度的存在。

曾經，我是那被放逐到自然，低頭不識鳥獸草木之名的人。

眼不能視，耳不能聽，鼻不能聞，口不能說，意不能思，感官心靈鈍化至無感無動，眼前所見僅剩雜草狂風豔日。

風景，少了生命的牽掛，便也只是無情風景，過於燦亮，容易無感。

直到認識沿途相伴的一草一木，方能在世界這張大網上，自在安心，彷彿到處都有值得記憶的情感，值得問候的過往，緩慢滋長，等待相逢。
毫無疑問，是天地間的諸多種種，構成自然影像與文字間的奧祕難解，是那些人與生態的對峙與和解，才讓凝視變得深刻與恍然。
一株小草從地上冒出，柔弱又強韌，便是生猛驚人的日常。

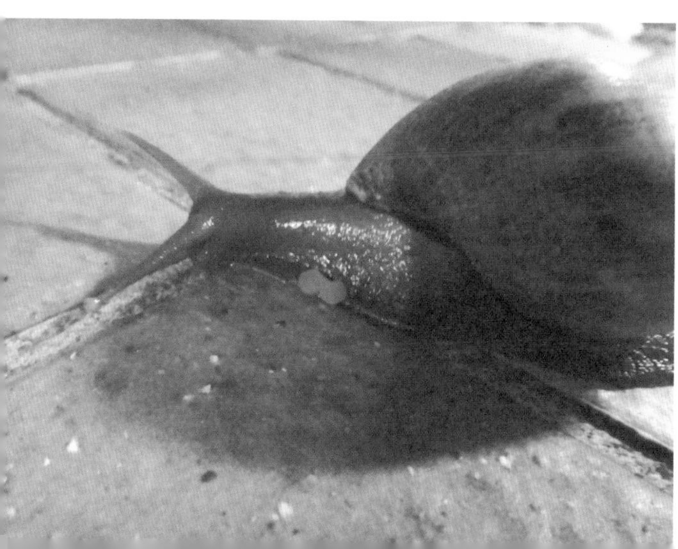

三、目擊，此地此物此景

在目擊的此刻，牠們正在消逝。

棲息在樹上的紫斑蝶，啄食榕果的五色鳥，在水澤的黑冠麻鷺……飛翔與棲息，綻放與凋萎，在短暫交會後，注定離開。

即使再度重逢，亦無從辨識曾有的相遇。

無法憑著照片去尋找獨一無二的牠，會不會是生態攝影迷人的本質。錯過，便是錯過。

透過望遠端的偷窺而倚賴特定「定著物」進行辨識的生物，考驗人類感官極限，那些遠望如芝麻的鳥群，透過鏡頭，拉近再拉近，將飛翔定格。

我不明白牠們，那些過於龐大的生命之謎，在暗地起滅。

感覺生死恆常。

無法區別這隻麻雀與那隻麻雀的不同，也無從辨識所有的蜂與蟻，那些個體，對人而言，只能用圖鑑分類，只剩隨手拍下的影像，證明一次性永恆相遇。

此時，此地，此人，此物。

影像無經變造，存在顯得真實。攝影的時間性被捕捉在連拍過程，但又不似錄影可剪接可蒙太奇。攝影，直指時光無可替代的路徑。

短暫永恆且無能遺忘的瞬間。

折返不得。

此即恆在。

弔詭的是，在殘存影像裡，我們無可避免地不斷重逢。

歸類程序是人類知識體系的運作，放大放大放大，縮小縮小縮小，在不斷審視的過程裡，時光被拉長，做為被拍攝物種，他們獨特存在已從平面溢開。

對存在本身的強烈眷戀，烙印影像的懷舊性。

不明白究竟看到了什麼。

圖鑑的說明文字，物種名，特徵，生殖模式，無助於陳述彼此更深層的憂傷與恐懼。

看著牠們倉促離開現場，逃離陌生且危險的距離。我望向按下快門後的影像，模糊與清晰，都只剩拍攝者介入的姿態。

是否遠到足以不引發注意？是否近至能觀察明白？

對於一座人工溼地而言，其存在的情境恰恰是人、城市與自然的縮影——當距離被迫縮短為相互融合、尊重乃至於妥協的共存距離——人的存在，變得寓意深遠且不容逃避。

那麼攝影（人）身處其中，又帶來何種隱喻？

介入溼地，目擊物種存有，是否帶來生態改變？

究竟，凝視的意義是什麼？

（四草溼地）

四、微小而強悍的存在

愈想用影像留住時光，留住生命的樣態，卻往往疑心真相愈走愈遠，疑心生命哀愁遠遠被遺留在影像的背反面。

愈是光鮮亮麗、活力盎然的生態之美，愈是讓人忽略現實的危機四伏。

有些人工溼地，僅在假日開放，說明溼地營造必得經過休養生息。

將時空留給人以外的物種，把人為的干擾與破壞降到最低。無所不用其極地把「人」隱形，是生態營造工法中最擅長的策略，換言之，這個世界上，沒有比人類還熱中於賞花觀鳥的物種，也沒有比人類更善於唯我獨尊的動物。

在這本書裡，所有人工溼地拍下的影像，都以自身存在，見證志工付出與大地強韌生命力，透過滌洗感官所流出的文字，終將與影像並存，彼此注解。從美學詮釋上，兩者形式雖異，本質並無不同。

文字當能如影如畫，影像當能沉靜敘事。

超越文字與影像的留白，是說也說不清、理也理不明的生命餘韻。

在生態書寫上，人們不缺乏知識性、系統化的注解，也不缺少散文敘事的解說與故事。然而，唯有美，恐懼的、憂傷的、雀躍的、明亮的、斷裂的、殘缺的美，經常被訴說，卻也經常被遺忘。

然而，這卻是一個說再多也不使人感到厭倦的工作。
或許，我內心深深期待這是土地遭受蹂躪後，殷殷訴說的堅強故事。
隱藏在生態裡的詩意，微小而強悍，我願時機成熟時，牠們能在書頁裡華麗綻放，宛若新生，召喚人們返回祕境，享受豐厚恩賜。
然後，思考人，思考慾望，思考自然裡的他者。
牠們，將帶我們往何處去？
我們，又將帶著人類往何處去？

島嶼新書
13

彈塗時光

作者——楊美紅
總編輯——莊瑞琳
美術設計——蔡南昇
繪圖——宋天明
內頁排版——周世旻

社長——郭重興
發行人兼出版總監——曾大福
出版——衛城出版
發行——遠足文化事業股份有限公司
地址——二三一四一 新北市新店區民權路一〇八－二號九樓
電話——〇二－二二一八一四一七
傳真——〇二－八六六七一〇六五
客服專線——〇八〇〇－二二一〇二九
法律顧問——華洋法律事務所 蘇文生律師
印刷——詠豐印刷股份有限公司
初版——二〇一四年八月
定價——三〇〇元

國家圖書館出版品預行編目資料

彈塗時光／楊美紅作.
－初版.－新北市：衛城出版：遠足文化發行，2014.08
面；公分.－（島嶼新書；13）
ISBN 978-986-90476-7-8（平裝）
1.溼地 2.文集 3.高雄市
367.831407　　103015152

ACRO POLIS 衛城
EMAIL acropolis@bookrep.com.tw
BLOG www.acropolis.pixnet.net/blog
FACEBOOK http://zh-tw.facebook.com/acropolispublish

填寫本書線上回函

● 親愛的讀者你好，非常感謝你購買衛城出版品。
我們非常需要你的意見，請於回函中告訴我們你對此書的意見，
我們會針對你的意見加強改進。

若不方便郵寄回函，歡迎傳真回函給我們。傳真電話 —— 02-2218-1142

或上網搜尋「衛城出版FACEBOOK」
http://www.facebook.com/acropolispublish

● 讀者資料

你的性別是 □ 男性 □ 女性 □ 其他

你的職業是 ____________________ 你的最高學歷是 ____________________

年齡 □ 20 歲以下 □ 21-30 歲 □ 31-40 歲 □ 41-50 歲 □ 51-60 歲 □ 61 歲以上

若你願意留下 e-mail，我們將優先寄送 ____________________ 衛城出版相關活動訊息與優惠活動

● 購書資料

● 請問你是從哪裡得知本書出版訊息？（可複選）
□ 實體書店 □ 網路書店 □ 報紙 □ 電視 □ 網路 □ 廣播 □ 雜誌 □ 朋友介紹
□ 參加講座活動 □ 其他 ________

● 是在哪裡購買的呢？（單選）
□ 實體連鎖書店 □ 網路書店 □ 獨立書店 □ 傳統書店 □ 團購 □ 其他 ________

● 讓你燃起購買慾的主要原因是？（可複選）
□ 對此類主題感興趣
□ 參加講座後，覺得好像不賴
□ 覺得書籍設計好美，看起來好有質感！
□ 價格優惠吸引我
□ 議題好熱，好像很多人都在看，我也想知道裡面在寫什麼
□ 其實我沒有買書啦！這是送（借）的
□ 其他 ________

● 如果你覺得這本書還不錯，那它的優點是？（可複選）
□ 內容主題具參考價值 □ 文筆流暢 □ 書籍整體設計優美 □ 價格實在 □ 其他 ________

● 如果你覺得這本書讓你好失望，請務必告訴我們它的缺點（可複選）
□ 內容與想像中不符 □ 文筆不流暢 □ 印刷品質差 □ 版面設計影響閱讀 □ 價格偏高 □ 其他 ________

● 大都經由哪些管道得到書籍出版訊息？（可複選）
□ 實體書店 □ 網路書店 □ 報紙 □ 電視 □ 網路 □ 廣播 □ 親友介紹 □ 圖書館 □ 其他 ________

● 習慣購書的地方是？（可複選）
□ 實體連鎖書店 □ 網路書店 □ 獨立書店 □ 傳統書店 □ 學校團購 □ 其他 ________

● 如果你發現書中錯字或是內文有任何需要改進之處，請不吝給我們指教，我們將於再版時更正錯誤

請沿虛線剪下

廣告回信
臺灣北區郵政管理局登記證
第 1 4 4 3 7 號

請直接投郵•郵資由本公司支付

23141
新北市新店區民權路108-2號9樓

衛城出版 收

● 請沿虛線對折裝訂後寄回，謝謝！

ACRO POLIS 衛城出版

島嶼新書